认知天性

让学习轻而易举的心理学规律

MAKE IT STICK
THE SCIENCE OF SUCCESSFUL LEARNING

[美] 彼得·C. 布朗
（Peter C. Brown）

[美] 亨利·L. 罗迪格三世　著
（Henry L. Roediger III）

[美] 马克·A. 麦克丹尼尔
（Mark A. McDaniel）

邓峰 译

中信出版集团·北京

图书在版编目（CIP）数据

认知天性：让学习轻而易举的心理学规律 /（美）彼得·C. 布朗，（美）亨利·L. 罗迪格三世，（美）马克·A. 麦克丹尼尔著；邓峰译. -- 北京：中信出版社，2018.9（2025.5 重印）

书名原文：Make It Stick: The Science of Successful Learning

ISBN 978-7-5086-9467-2

Ⅰ.①认… Ⅱ.①彼… ②亨… ③马… ④邓… Ⅲ.①认知心理学 - 通俗读物 Ⅳ.① B842.1-49

中国版本图书馆 CIP 数据核字（2018）第 209453 号

Make It Stick: The Science of Successful Learning
by Peter C. Brown, Henry L. Roediger III and Mark A. McDaniel
Copyright © 2014 by Peter C. Brown, Henry L. Roediger III and Mark A. McDaniel
Published by arrangement with Harvard University Press
through Bardon-Chinese Media Agency
Simplified Chinese translation copyright © 2018 by CITIC Press Corporation
ALL RIGHTS RESERVED
本书仅限中国大陆地区发行销售

认知天性——让学习轻而易举的心理学规律

著　者：[美]彼得·C. 布朗　[美]亨利·L. 罗迪格三世　[美]马克·A. 麦克丹尼尔
译　者：邓　峰
出版发行：中信出版集团股份有限公司
　　　　　（北京市朝阳区东三环北路 27 号嘉铭中心　邮编　100029）
承 印 者：北京通州皇家印刷厂

开　本：880mm×1230mm　1/32　　印　张：10　　字　数：206 千字
版　次：2018 年 9 月第 1 版　　　　　印　次：2025 年 5 月第 47 次印刷
京权图字：01-2014-5903
书　号：ISBN 978-7-5086-9467-2
定　价：58.00 元

版权所有·侵权必究
如有印刷、装订问题，本公司负责调换。
服务热线：400-600-8099
投稿邮箱：author@citicpub.com

万千智慧始于记忆。
——埃斯库罗斯,《被缚的普罗米修斯》

目　录

推荐序一 / IX
推荐序二 / XI
前　　言 / XV

我们往往无法准确判断自己什么时候学得好，什么时候学得不好。如果感觉学起来又慢又难，似乎毫无进展，我们就会转而关注那些看似更有成效的办法，但没意识到这些方法往往并不会带来持久的效果。

孩子用绳子把蔓越莓穿起来做项链，挂到树上后却发现蔓越莓从绳子的另一端掉下来了。不打结，就做不出绳串。检索给记忆这条绳子打了结。重复检索能让记忆更清透，而且它把记忆这条绳子又缠了一圈，使其变得更牢靠。

1 学习是挑战天性的必修课

天性懒惰孕育了认知规律和心智模型 /004
科学"照妖镜"下的学习方法 /009
知识多不等于学习能力强 /019
考试是最有效的学习策略之一 /021
小 结 /023

2 学习的本质：知识链和记忆结

知识最终将变成条件反射 /029
自我检测：给知识链打上记忆结 /030
只需 1 次自测，一周后回忆率从 28% 跃迁为 39% /033
如何成为一名主动学习者 /035
为何学习越轻松，效果越不好 /041
小 结 /046

人们顽固地相信，自己把心思放在一件事上，拼命重复就能学得更好。但是，科学家们把习得技能阶段的这种成绩称为"暂时的优势"，并把它同"潜在的习惯优势"区分开来。

学习总是建立在已知基础之上。我们是通过与已知建立联系这种方式来解读事件和记忆事件的。长期记忆的容量基本上是无限的。你知道得越多，就越有可能为新知识建立联系。

3

"后刻意练习"时代的到来

频繁的集中练习只会产生短期记忆 /050
间隔练习使知识存储得更牢固 /052
穿插练习有助于长期记忆 /053
多样化练习促进知识的活学活用 /055
善用练习组合，带来成长性思维 /057
知识是平面的，复合型知识是立体的 /060
关于练习的几条普适性原则 /064
小 结 /068

4

知识的"滚雪球"效应

学习的三个关键步骤 /079
欲求新知，先忘旧事 /083
越容易想起，越不容易记住 /086
学习中必须要做哪些"努力" /089
这些"良性干扰"能提升学习效果 /094
化解因失败带来的焦虑感 /097
创造性源于不设限的学习 /101
别在无法克服的困难上浪费时间 /106
小 结 /108

效率的本质取决于我们领悟周围世界的能力，以及衡量自己表现的能力。我们总是在判断自己知道什么、不知道什么，以及是否有能力处理一项任务或解决一个问题。当你在某些领域成为专业人士后，你的心智模型就会发展得更为复杂，而组成心智模型的步骤也会淡化成记忆背景。

开阔眼界，别局限在自己喜欢的那套学习风格中，要运用你的资源，发挥你的全部"智力"，把你想掌握的知识或技能练得滚瓜烂熟。说出你想要知道、做到、成就的事情，然后列出需要的能力、需要学习的东西，以及从哪里可以找到这些知识和技能，再放手去做。

5
打造适合自己的
心智模型

6
选择适合自己的
学习风格

没头脑的机制 1 和爱自省的机制 2 /115
学习时避免错觉和记忆扭曲 /119
打造适合自己的心智模型 /128
你无法从不擅长的事情里学到知识 /131
实践和测验才能暴露学习漏洞 /135

主动学习能制造掌控感 /143
你是分析型、创新型，还是实践型思维？ /158
学不好的领域暴露了你的能力结构 /162
用搭积木的方法构建知识 /164
有人喜欢看说明书，有人喜欢动手试错 /166
小 结 /170

我们之所以努力，是因为努力本身能拓展我们的能力。你所做的事情决定了你会成为什么样的人，决定了你有能力做什么。你做的事情越多，你能做的事情也就越多。只要保持一种成长心态，你就可以接受这个道理，终身受益。

不管你想要做什么，或成为什么样的人，只有掌握了学习的能力，你才能参与竞争，才不会落伍出局。我们觉得，如果列出从实证研究中得出的主要观点，并辅以案例进行讲解，读者就可以得出自己的结论，找到应用这些结论的最佳方法，所以我们在最后一章将它们一一列举。

7

终身学习者基本的基本

双胞胎的认知能力也会天差地别 /178
性格、求知欲和家庭条件对学习的影响 /184
脑力训练可以提升学习自信 /187
想要终身成长，请像专家一样思考 /190
学习执行力比学习技巧更重要 /194
掌握几个适合自己的记忆方法 /196
小 结 /211

8

写给大家的学习策略

给学生的学习策略 /215
给职场人士的学习策略 /231
给教师的学习策略 /239
给培训者的学习策略 /252

注　释 /269
推荐阅读 /293
致　谢 /297

推荐序一

轻松的学习是无效的

我上中学的时候经常被班上的女生"围攻",原因是她们说我都没有努力过,凭什么学习成绩那么好。我记得很清楚,有个女生在毕业纪念册上给我的留言是"不要浪费了上天给你的天赋"。这个女同学的每本书都记满了笔记,还用各种颜色的荧光笔画满了重点。我其实一直都很崇拜能够熟练使用多种颜色画记号的人,实在不知道有什么规律可循。而我就很汗颜了,每学期结束时,书本比脸还干净,最多在老师布置作业的地方打个勾。高三毕业时,全套"新书"可以留作纪念。

我从不相信自己有什么天赋,因为学习真的不容易。但我特别爱考试,没有测验的时候,我就和同学互相出题考着玩。每次大考之前,我不会一遍一遍地看书、看笔记,而是拿出一张大纸,靠自己的回忆把这学期学习的公式、重点、单词、生字、诗词都默写一遍。每门课用一张纸。遇到想不起来的,就使劲想一会儿。最后才查书,补充完善这学期的知识图谱。这样一来,上考场的时候就不会遇到特别意外的题目了。我忘记了这个方法是我自己发明的,还是我爸爸教给我的,总之有效。直到今天,我讲每一本书也只是看一遍,半个月后要准

认知天性

备讲的时候再拿出一张白纸……

以前不知道这样的方法为什么有效，今天知道了。你手里的这本书是一组严谨的心理学家用很长时间做实验，统计分析，总结出来的关于如何学习的研究成果。他们把我常用的这个套路称为：检索，间隔，巩固，细化，迁移……听起来"高大上"了很多！所以说，学习好不是靠天赋，而是有正确的方法。为什么靠记笔记和画线不能取得好成绩？因为那些方法并没有给大脑带来挑战，没法起到巩固的作用，只会让人误以为自己已经掌握了。用今天流行的话讲就是：你只是假装很努力！人们都不喜欢挑战自己，也不喜欢挫败感。相比较而言，一遍一遍地画线要轻松得多。可惜，轻松的学习是无效的。

《认知天性》教给我们一个简单的道理——如何有效学习，希望这本书能帮到特别多像我当年的女同学一样勤奋的孩子，以及他们的家长。

樊登

樊登读书会创始人

推荐序二

学习不止技巧

在大学校园里，经常可以看到很多同学拿着各种各样的单词书，天天在背单词。他们怎么背呢？比如，要背 acoustic（声学）这个词，很多同学的做法是，把单词里的字母逐一读出来，然后再把对应的中文释义读出来（而且通常只读第一条释义）。这样背单词的效率极为低下，但很多同学完全没有觉察，还是每天很早就起来背。

天知道，用这样的方法是否真的能够记得住那些单词。即使能够记住，考完试也就会忘记了。对于他们来讲，记单词是一件辛苦的事情，花的时间越少越好，花的心思越少越好。

然而，认知心理学研究早就发现，人们在学习一个概念的时候，花费越多的心思，尝试用自己的话语去重新演绎它，或者是尝试理解这个概念在不同语境下的不同意义，就能越牢固地掌握这个概念。这样的发现还有很多，你手上的这本书就是这些认知心理学发现在教育领域的一个总结。

回到记单词的问题，除了死记硬背，还有什么办法可以更好地记单词呢？假如我就是要记住一个长得像 acoustic 这般难记的单词，该怎么办？

认知天性

首先你不需要为了记单词而记单词。假如你只是在某本单词书上看到了这个单词,而且这个单词是某类考试必考的,那就更要远离它了。

你真正需要的,是"生成性学习"(generative learning)。

我们举个例子来说明。比如你因为好奇,想学吉他,这时候,你拿起一本吉他书,或者在网上找到了某个吉他教程,可能你在不经意间就会碰到 acoustic 这个词,而且它会反反复复地出现。这时候你再打开字典(纸质书或电子版都可以),去查这个单词,你就是在一个强语境的情况下了解了这个单词。假如你更进一步,去豆瓣网搜一下是否有与 acoustic 相关的图书,或者是在网上搜索是否有与 acoustic 相关的视频,甚至可以到电影剧本网(Daily Script)去搜一下哪些美剧的对白包含了这个单词,这样一来,你对 acoustic 这个单词的认知,就从陌生变成熟悉了。你还可以尝试拿 acoustic 来造句,这将再次强化你对这个单词的理解。你甚至还可以专门写一篇博客,把你每天碰到的有意思的英文单词记录下来,配上你自己找到的例句,或者你自己写的例句。相比只是单纯地去记一个单词的拼写和读音,花费五倍、十倍甚至更多功夫,这样做的收获不止五倍、十倍。如此坚持一个月,你就可以把单词书扔掉了,因为你会发现,生活中的每个细节都可以成为你的单词书。要是能坚持一年半载,你就会发现,学单词也是一件乐事。

背单词只是一个例子。不论是上班族还是在校学生,学习新知识或技能都是绕不过去的话题。然而大多数人所知晓的学

推荐序二

习方法只是通过口耳相传来获得，极少经过实证检验，这就有如生病了，听路人说什么药有效就吃什么药，而不去过问那种药是不是经过了临床测试，而且得到了上市批准。

在过去很多年里，无数人努力学习而无长进，原因往往在于方法不得当。如今，我们感到非常庆幸，因为《认知天性》这本书乃是一本基于实证研究而写成的学习指南，而且已经被翻译成中文出版了。

本书作者亨利·罗迪格和马克·麦克丹尼尔均为美国认知心理学家，以研究记忆的机制而著名。他们在过去半个世纪的工作，都是在研究记忆。十年前，他们开始思考，为何心理学家对记忆之机制了解得这么透彻，但是在教育领域，似乎甚少有应用。于是他们开始调查人们在日常是采取什么策略来学习的。调查结果显示，反复阅读、在书上画线、在课堂上记笔记，以及课后温习笔记、使用不同的记忆策略、使用索引卡、创建概念图，以及小组学习，这些方法被广泛使用，但其有效性则非常令人质疑。有感于此，罗迪格教授开始与教育心理学家合作，尝试将实验室研究发现推广至课堂。其后，他们联合了小说家彼得·布朗，写成了面向大众的一本介绍学习科学之原理的图书，就是你手上拿的这本。

这本书介绍了关于记忆的基本原理，也颠覆了人们许多的传统认知，比如，作者驳斥了所谓学习风格（learning styles）的理论，还介绍了为何间隔练习（interleaved practice）和合意困难（desirable difficulties）对于学习反而极有帮助。

不论你是要找到更好的办法去背单词,还是正准备去学一门新的技能,这本书都会是你的一盏指路明灯。假如你阅读这本书的时候看到一些陌生的心理学名词,也不妨试一试书中提到的办法,上网搜索一下那些名词,看看它们到底是什么意思,甚至可以用自己的话来重新演绎书中提及的概念(这是练习生成性学习!),还可以看一会儿书,然后去学一会儿吉他,再回头看书,因为间隔学习更有利于记忆。

叶富华

TED 演讲中国引进人,TEDtoChina 项目联合创始人

前　言

坊间流传的学习方法一般都是错误的。有关如何学习与记忆的实证研究显示，被大众奉为圭臬的学习方法多是无用功。即便对于那些把学习当成工作的人来说，例如大学生和医学生，他们所使用的学习技巧也远称不上是理想的。对学习方法的研究可以追溯到 125 年前，历史很长，但人们直到近几年才积累了一定的成果。这些成果中的洞见构成了一门关于学习的正在发展壮大的科学。正是这样，那些来自假说、传言与直觉，但被人们广泛认可的做法，才被高效、有据可查的方法所取代。在这门学问里，有一点很关键，那就是仅靠直觉不是最有效的学习方法。

本书的两位作者——亨利·罗迪格和马克·麦克丹尼尔都是认知科学家，他们的工作就是研究学习与记忆。加上故事作家彼得·布朗，三人合力写出了这本诠释学习与记忆工作方式的作品。这本书尽量不堆砌研究成果，而是用讲故事的方式，向人们介绍如何掌握复杂的知识与技能。本书通过这些案例来阐明哪些是经过研究证明的高效学习原则，并由 11 位认知心理学家合作完成。2002 年，密苏里州圣路易斯市的詹姆斯·麦克唐奈基金会批准了罗迪格、麦克丹尼尔，以及另外 9 人的申请，出资赞助"通过认知心理学强化教育实践"这一科研项目，目的是把认知心理学中有关学习的基础知识应用到教育实践上。该团队在这

认知天性

一项目上投入了 10 年时间,将认知科学应用于教育学中。从许多层面上看,本书便是这项工作的直接成果。本书的主要内容、注释与致谢部分,都援引了这些研究人员的大量成果。罗迪格与麦克丹尼尔的工作也得到了其他资助者的支持,麦克丹尼尔还在华盛顿大学学习与记忆综合研究中心担任联席主任一职。

不少书籍会按照先后顺序讨论数个主题——先是详述一个主题,然后再讲下一个,依次进行。我们在本书中也遵循这一策略,每一章都会讨论新问题。不过我们还会在书中套用两个基本的学习原则:有间隔地重复关键概念,以及穿插讨论不同但相关的话题。如果学习者能把研究一个问题的时间分散开,并阶段性地回顾这个问题,那么他们就能记得更牢。同样,如果他们可以穿插研究不同的问题,那么效果就比一次研究一个主题要好。因此,我们会大胆地一次谈到多个概念,并在不同的章节重复这些原则。这样读者记忆起来就会更牢靠,也能更有效地应用。

本书讲的是人们当下可以做些什么,让自己学得更好、记得更牢,是否真心向学则取决于个人。通过帮助学生更好地理解这些原则,将这些原则与学习经验融会贯通,教师和培训者可以更有效地开展工作。这本书不是要讨论教育政策或学校制度该如何改革。不过很明显,涉及一些政策内容也有意义。例如,有大学教授率先在课堂上实施这些方法,用它们来缩小学生在成绩上的差距,结果都出乎意料得好。

前言

这本书适合学生和教师阅读,当然也适合把高效学习当成一件大事的读者:无论是公司、工厂、军队中的培训人员,还是提供在职培训的职业协会负责人,甚至是体育教练,都可以阅读本书。这本书也献给那些接近中年仍不断学习的人,以及那些更为年长,但愿意巩固自己的技能,不想被社会淘汰的人。

虽说有关学习的知识,以及学习背后的神经学原理还有很多不为人知的地方,但不少研究已经取得了成果。立即把这些原则与实用策略利用起来,会收效显著,而且也没有什么成本。

1
学习是挑战天性的必修课

刚做飞行员的时候,马特·布朗碰到过一件事。肯塔基州有家工厂正等着组装零件开工,于是他便从得克萨斯州的哈林根出发,连夜开着双引擎塞斯纳飞机前去送货。当马特独自一人飞在11 000英尺①的夜空时,他突然发现,右引擎的油压开始下降了。

马特降低了飞行高度,同时留意着油压表。他希望飞机能坚持到路易斯安那州的机场,在原定的加油站整修,可油压却一直在下降。自从能拿得动扳手起,马特就开始摆弄活塞发动机了,他很清楚自己这次遇上了麻烦。他在脑子里思考着整件事情,考虑了可采取的措施——如果让油压过低,他就要冒引擎失灵的风险,那么在关闭引擎前还能飞多远?关闭引擎后会怎么样?飞机会失去右侧的升力,那样的话会不会掉下去?他回忆了一下塞斯纳401型飞机的损伤容限:在有载重的情况下,若飞机只剩一台引擎,就只能迫降。不过他载的货较轻,而且燃料也消耗了很

---

① 1英尺约为0.3米。——编者注

1
学习是挑战天性的必修课

多，于是马特关掉了右侧坏掉的引擎，把螺旋桨桨叶调至与气流平行的位置以减弱阻力，同时增加左侧的动力，把机舱扳到反方向飞行。在朝着预定目的地勉强前进了大约10英里[①]后，他向左转了一个大弯，用这种方式接近降落地点。这个操作的道理很简单，也非常重要——在右侧没有动力的情况下，他只能左转，只有这样才能保证飞机平稳触地所需的升力。

• • •

大家没必要去理解马特的每一步操作。这里举他自救的例子，是为了形象地说明本书要讲的一个理念：你要让学到的知识与技能在脑子里随时待命，这样你才能在以后遇到问题时，思路清晰，并抓住解决问题的机会。

谈到学习，人们有一些共识：

首先，要想学以致用，就必须记忆。只有这样，已经学会的内容才不会在将来被需要的时候消失。

其次，我们要坚持不懈地学习并记忆，终生不怠。要想从中学毕业，我们必须学好语言艺术、数学、科学，以及社会学课程；为了在工作中取得进步，我们要掌握职业技能，学会如何与不太好对付的同事相处；等到退休，我们还会产生新的兴趣和爱好；到晚年，我们还要继续学习适应浇花养草的生活。擅长学习的人会终身受益。

[①] 1英里约为1.6千米。——编者注

再次，学习本身是一项可以获得的技能。最有效的策略往往不是依靠直觉。

天性懒惰孕育了认知规律和心智模型

你也许不赞同上文所述的最后一点，但我们希望能说服你。这里先直接列出支持我们论证的一些基本观点，在后面几章会展开说明。

耗费心血的学习才是深层次的，效果也更持久。不花力气的学习就像在沙子上写字，今天写上，明天字就消失了。

我们往往无法准确判断自己什么时候学得好，什么时候学得不好。如果感觉学起来又慢又难，似乎毫无进展，我们就会转而关注那些看似更有成效的办法，但没意识到这些方法往往并不会带来持久的效果。

到目前为止，不管在什么领域，人们在学习一项技能或一门知识的时候，都倾向于反复阅读课本，并进行集中练习，这其实是效率最低的一种方式。进行集中练习意味着我们在机械地、快速地重复一些东西，想把它们烙在自己的记忆中，也就是"熟能生巧"。一个例子就是考试前的"填鸭"。重复阅读与集中练习会让人越做越熟练，以为自己已经掌握了知识，但实际上，这种方法达不到真正的精通，也不会产生持久的记忆，只是在浪费时间。

与反复阅读这种复习方法相比，回想事实、概念或事件会

1
学习是挑战天性的必修课

更有效。这种方法被称为检索式练习。抽认卡就是一个简单的例子。检索会强化记忆，并阻止遗忘。我们在阅读过一段文字或听过一堂课后，只需用一道简单的小问题考考自己，就可以巩固所学、强化记忆，而且效果要比重读课本或复习笔记好得多。虽然大脑不像肌肉那样，可以通过锻炼来加强，但负责学习的神经回路确实是可以强化的——具体的方法就是检索记忆，并练习所学的东西。定期练习可以防止遗忘，强化检索路径，而且对于保存你想要掌握的知识来说至关重要。

如果你在做一件事情的中途有间隔时间，你会在中断期间感到稍有生疏，或者在把两件或多件事情穿插在一起做时，检索的难度会更大，而且你会觉得收效不佳，但实际上，这样做会让学习效果更持久，而且以后也可以更灵活地运用学到的知识和技能。

在别人教给你答案前，先尝试自己解决问题。这样效果会更好，哪怕在尝试中会犯下一些错误。

一个常见的说法是，如果教学形式与你习惯的学习风格相符，你的学习效果就会更好。例如习惯用视觉或听觉学习的人，就该用相应的形式教他们，但实证研究并不支持这种观点。人类在学习时可以运用多种天分，而且在"眼观六路、耳听八方"，运用全部才能和智谋学习时，效果要超过只用最熟悉的风格学习。

一旦你能熟练地从不同类型的问题中提炼出基本原理，也就是"规则"，你就更有希望在陌生的情境中找到正确的答案。

与集中练习相比，穿插练习与多样化练习可以让你更好地掌握这种提炼技能。举个例子，平时在练习计算物体体积时，用不同种类的几何体练习，这样等考试时随机遇到一个几何体，你就能更熟练地找到正确的解法。穿插识别鸟的种类，或油画作品，既可以提高你对同一种类的归纳能力，又能改善你对不同种类的识别能力。这样一来，在以后遇到新的样本时，你分门别类的能力就会更强。

在判断自己知道什么和能做什么的时候，我们都会被各种错觉干扰。测验可以帮助我们判断自己学到了什么。在模拟飞行中遭遇液压系统失灵时，飞行员会很快意识到自己有没有完全了解修正程序。测验这种工具几乎适用于所有学科，你可以用它来发现并巩固自己的薄弱环节，从而更好地掌握知识。

不管学习什么新知识，都需要有已知作为基础。在学会如何只用一台引擎降落一架双引擎飞机前，你需要先知道如何用两台引擎降落这架飞机；想要学习三角函数，你就先要知道代数与几何；想要学做木匠活儿，你就要了解木材与复合板的质地，以及如何锯割、刨削、做榫卯。

卡通书《你不知道的》的作者加里·拉尔森画过这样一幅画。一个金鱼眼模样的小学生问他的教师："奥斯本先生，我能回家了吗？我的脑子都被塞满了！"如果只是进行机械式的重复，的确会发生这种情况，过不了多久，你就会发现自己能记住的东西有限。不过你要是会细化知识，就可以无止境地学下去了。细化就是理解新知识的过程，细化的方法就是用自己的

1
学习是挑战天性的必修课

语言把新知识表达出来,把它和已知联系起来。越是能把新知识和已知关联起来,越是能诠释这两者之间的关联,就越能牢固地掌握新知识。新旧知识间的关联越多,就越有助于记忆。为什么说热空气的湿度比冷空气高,想一想自己的亲身经历就能明白这其中的道理——空调机背后会滴水;夏天突然下一场暴雨,闷热的空气就变得凉爽起来。还有,为什么说蒸发有冷却效应——这时候就可以想一想你叔叔生活在湿气很重的亚特兰大,而你堂兄则住在气候干燥的凤凰城,生活在亚特兰大就会感到闷热,生活在凤凰城则要凉爽一些。这是因为在凤凰城,还没等皮肤感觉到潮湿,汗液就已经蒸发了。学习热量传递原理也是一样:抱着一杯热可可就可以暖手,这是热传导;冬日的阳光把房间晒得暖暖的,这是热辐射;叔叔领你在亚特兰大他最爱的后街散步,建筑里冒出的空调冷气让你在炎热中感到一丝凉意,舒服极了,这就是热对流。

把新知识放到更广泛的情景中有助于学习。举个例子,你知道的历史故事越多、越详细,你对这段历史的理解就越深刻。另外,从更多的角度去理解历史故事,比如把某个故事与你知道的人类的野心和造化弄人的道理联系起来,你就能把这个历史故事记得更牢固。同样地,如果要学习一个抽象的概念,比如角动量原理,那么把它和你已知的具体事物联系起来,学习起来就会更容易一些。你可以想一想,花样滑冰运动员把胳膊收拢在胸前,旋转起来就会更快。这就涉及角动量原理。

从新知识中提取关键概念,并把这些概念组织成一个心智模型，同时把这种模型和已知联系起来。能做到这些，就能更好地掌握复杂的知识。心智模型是外部现实在心理上的一种表现。[1]想象一名等待棒球投出的击球手。他必须在电光火石之间做出判断，要打的这个球是曲球、变化球，还是其他球路。击球手怎么能做到这一点？有一些微小的信号可以帮助他：投手挥臂准备的动作、投球的方式，以及球上缝线的旋转样式。杰出的击球手会排除所有外界干扰，只留心上述代表球路变化的特征。通过练习，他会把各种球路变化的特征总结出来，用这些线索构建不同的心智模型。他会把这些心智模型和他知道的击球姿势、击球区域，以及挥棒动作联系起来，这样就能打出一记好球。他还会把这些跟与球员跑垒相关的心智模型相关联：如果一垒和二垒都有同伴，他可能会做"牺牲打"，让跑垒员继续前进；如果一垒和三垒有一人出局，他就会避免"双杀"，而是要保住能跑回本垒得分的跑者。他还要将这些跑垒的心智模型和判断对手的心智模型联系在一起。（对手是要后撤防守，还是要近迫防守？）此外，他还要与从休息区传到跑垒指导员，再到击球手本人的信号相关联。在一次优秀的击打中，所有这些都要完美地搭配在一起：击球手击球，让球飞到外野的防守空白区域，为自己换来跑上一垒的时间，并为队友继续跑垒赢得时间。球员之所以能做到这些，是因为他已经挑出了最重要的因素，能够识别并应对各种球路；他在学习的过程中建立了心智模型，而且他把这些心智模型和棒球比赛中的其他重要因素联系了起来。正是因为这个道理，经验丰富的球员比经验不足的球员上垒得分的机会更多。经验不足的球员每次上场时都无法洞悉球场上繁多易变的信息。

许多人相信，他们的智力水平是生来注定的，学业无成是因为先天不足。但实际情况是，每当你学到新东西时，大脑就会发生改变——经验会被一点一滴地存储起来。不可否认，每个人的天资不同，但我们也可以通过学习，通过开发心智模型，来获得分析问题、解决问题，以及创造新事物的能力。换言之，影响智力水平的因素在很大程度上是由你本人掌控的。了解这一点，你就可以用失败来证明自己确实努力过，从失败中获知更多的信息，知道自己是应该更加努力，还是应该尝试其他方法。你需要意识到，如果感到学习非常吃力，那是说明你正在学习非常重要的东西。就像玩动作类电子游戏、试验新的自行车越野特技一样，想在已有的水平上有所进步，达到真正的专业程度，就要明白努力与挫折是必不可少的。犯错误并改正错误，其实是在搭建通往高层次学习的桥梁。

科学"照妖镜"下的学习方法

在规划教学和培训方案的时候，我们多是采用沿袭已久的学习理论，而人对学习效果的主观感受又影响了这些理论。这种主观感受来自个人经历，这里的个人可以是教师、教练、学生，或者简单来说，可以是地球上的所有人。我们的教学方法与学习方法在很大程度上受到各种假说、传言与直觉的影响。不过，在过去的40多年里，为了找到有效的方法，澄清哪些方法是有用的，认知心理学家一直在收集大量证据。

认知心理学是一门理解心理活动方式的基础科学，依靠实证研究来考察人类感知、记忆，以及思考的方式。除了认知心理学家，研究学习方法的还有许多其他领域的学者。发展心理学家与教育心理学家关注人类发展的理论，以及如何运用这些理论来改革教育工具——例如考试制度、用来组织教学的东西（比如课题大纲与结构图），以及为矫正教育或天才教育等特殊人群准备的资源。神经学家利用新的成像技术和其他工具，提高人们对学习背后大脑机制的认识。只不过还要等上很长一段时间，他们才能告诉我们该如何改进教育。

那么，在学习这个问题上，到底谁的建议最为有效呢？人们该如何判断呢？

盲从盲信是不理智的。人们很容易找到解决问题的建议，只要点击几下鼠标就可获得。但并不是所有建议都有研究做基础——实际上，这样的建议并不多。另外，也不是所有研究都符合科学标准。例如，为了保证调研结果的客观性与普遍性，人们会加入一定的控制条件。事实上，最好的实证研究是具有实验性质的：研究人员提出一种假设，然后用一组实验来检验，而实验的设计与客观性必须有严格的标准。我们会在接下来的几章中，介绍这类研究成果的精华。这些研究经受住了科学界的检验，并被发表在专业的期刊上。我们也参与了其中的一些研究，不过比例并不大。如果介绍的是理论而非科学验证的成果时，我们也会特别说明。为了阐明观点，除了介绍经过验证的科学，本书还记叙了马特·布朗等人的有趣故事。这些人的工作要求他们掌握复杂的知识与技能，因此讲述他们的经历可以形象地说明学习与记忆的基本原理。我们尽量避免讨论学术研究本身，如果读者有兴趣深入研究，可以从书尾的注释部分找到资料来源。

我们都是"不尽职学习者"

事实证明，在很多时候，无论是教师还是学生，教和学的效果都不理想。不过，只要在教学过程中加入一些小改动，就能让结果大为改观。人们一般认为，只要在某件事上花的时间足够长——例如长时间背诵课本中的段落，或是不断重复八年级生物课上的诸多术语——就可以把它们牢牢地烙在记忆深处，但事实并非如此。许多教师相信，只要让学生学起来更快、更轻松，学习效果就更好，而大量研究却证明事实恰恰相反：正是感觉到学习更吃力时，记忆才更为长久、牢固。教师、培训者，以及教练普遍认为，要想掌握一项新技能，最有效的办法是把注意力完全放在这项技能上，坚持不懈地一遍遍练习，直到记住为止。人们对这种方法深信不疑，原因是多数人在学习的集中练习阶段成效显著。但从研究得出的结果看，通过集中练习取得的成效明显是短暂的，所学的东西很快就会被忘却。

研究发现，反复阅读课本往往是白费力气。这么说肯定会让教师和学生大吃一惊——毕竟这是多数人的头号学习方法。有调查显示，超过80%的大学生都是这样学习的。在花上好几个小时学习的时候，我们还会告诉自己，这种方法就是关键。反复阅读有三大不足：浪费时间，无法产生持久的记忆，而且往往会让我们产生一种错觉——随着对所阅读的文本越发熟悉，我们以为自己已经掌握了内容。花好几个小时反复阅读，看起来是很刻苦，但学习时间的长短并不能用来衡量掌握的程度。[2]

相信只靠反复接触就可以学到东西，这样的培训机制并不少见。飞行员马特·布朗就是个例子。当马特准备从活塞引擎飞机再升一级时，他被雇用去驾驶喷气式商用飞机。要想拿下喷气式商用飞机的驾照，他需要掌握许多全新的知识。我们让他描述一下这个学习过程，他说，老板把他送去参加了一项为期18天、每天10小时的培训，马特将其称作"填鸭速成式"教学。在最开始的7天里，他们完全待在教室里，听讲师讲解整架飞机的工作机制：电路、燃料、气动装置等设备，这些设备如何协同、如何运作，以及这些设备的压力、载重、温度、速度等安全系数。讲师给马特提出的要求是，通过大概80个不同的"记忆任务"，在不经思考的情况下，能毫不犹豫地采取行动，在发生任何一种意外时能立刻稳住飞机。这里指的意外可能是气压突然下降、推力反向器在飞行中突然脱落、引擎失灵、电路起火等。

马特和其他学员花了数个小时观看有关飞机关键系统的幻灯片，看得头昏眼花，这时发生了一件有意思的事情。

"大概在第五天课程过半的时候，"马特说，"他们在屏幕上放了一张燃料系统的原理图，上面画着压力感应器、断流阀、喷射泵、支管线等各种设备，实在很难记住。这时一位讲师问我们：'谁在飞行中遇到过燃料过滤器支管线路灯亮起的情况？'坐

1
学习是挑战天性的必修课

在后排的一位飞行员举起手。讲师说道,'说说发生了什么事',突然间你就会想,要是我遇到这种情况会怎么办?

"那个人当时飞在差不多3.3万英尺的高空。由于燃料里没有防冻剂,过滤器正在结冰堵塞,两台引擎都要失灵了。相信我,你一听到这个故事,头脑中马上就能想到那幅原理图,而且会牢记不忘。一般来说,喷气机燃料里都会有点儿水,当高空气温变低时,水就会凝结成冰,并阻塞油路。所以无论你在什么时候补充燃料,都要看一眼燃料箱上有没有燃料已加注防冻剂的标识。如果在飞行中发现这个指示灯亮了,你就要赶紧降低高度,向下飞到暖和一些的空气里。"[3]当事关重大时,当抽象的事务被形象化时,当事情和个人息息相关时,你就会把学到的东西记得更牢。

这之后,马特的培训就发生了本质性的改变。在接下来的11天里,学员是在教室和飞行模拟器里轮流度过的。马特称这一阶段的学习是主动参与,可以产生持久记忆。因为飞行员们必须在模拟飞机上使出浑身解数,证明自己掌握了标准操作流程,能够应对多种意外情况。在应对意外的同时,还要熟悉相应动作的节奏,将操作转化为肢体记忆。飞行模拟器提供的是检索式练习,这种练习安排了时间间隔,有穿插的内容,而且内容是多样化的,同时它还尽可能地让飞行员体会到飞行中的心理历程。飞行模拟器把抽象的概念变成了形象的操作,而且这些操作和个人息息相关。模拟器也提供了一系列测验,帮助马特和他的讲师调整各自的判断,弄清楚哪些地方需要改进和提高。

就像马特·布朗的飞行模拟训练一样,教师和培训者有时候会发现高效的学习技巧。然而,在绝大多数领域里,人们都倾向于把这些技巧看作例外,而把"填鸭速成式"的讲座(或是类似的形式)当成正途。

事实上,学生们获得的建议通常是大错特错的。举例来说,乔治梅森大学网站上的一条学习建议就是:"学好某事的关键在于重复。复习的次数越多,永久记住它的概率就越大。"[4]另一条来自达特茅斯学院网站上的建议则说:"先有记忆的欲望,才有可能记住。"[5]《圣路易斯邮讯报》上偶尔出现的公益漫画版块给的学习建议是,让孩子把脑袋埋在书里。"专心致志,"漫画的注释写道,"集中注意力,而且只集中在一件事情上。重复、重复、重复!重复必须记住的事情,可以让你牢牢地记住它。"[6]人们盲目迷信反复阅读、功利性记忆,以及重复的作用,但真相是,只靠一遍遍重复通常记不住什么东西。如果想要在电话里输入一个号码,反复默诵数字可能是好办法,但在学习中,这样做是不会有持久效果的。

一个简单的例子就能证明这一点,这个例子可以在网上找到。测验的内容是,列出12张普通硬币的图片,让你从中找出唯一正确的图片。虽说你见过无数次硬币,但还是很难自信地判断出,哪一张图才是正确的。加州大学洛杉矶分校近期还进行过一项类似的研究,让心理实验室的教职员工和学生去找离自己办公室最近的灭火器,多数人都无法通过测验。一名在该校任教

25 年的教授决定离开课堂,亲自去找找看,结果他发现灭火器就在办公室门口的右边,与自己每天都要扭动多次的门把手只相隔数英寸①。从这个例子可以看出,万一这位教授的废纸篓着火了,他还是不知道最近的灭火器在哪里——尽管他在这么多年里一直在与之做重复性的接触。(7)

荧光笔、下画线和反复阅读

20 世纪 60 年代中期的一系列调查发现,重复接触可以强化记忆这种看法是错误的。多伦多大学的心理学家恩德尔·托尔文在当时做了一项实验,用记英语普通名词的方法来考查人们的记忆力。实验第一阶段的内容很简单,给不知情的参与者一列成对的词组(例如,"椅子——9"就是一对词组),让人们念 6 遍。每对词组的第一个单词都是名词。在念完 6 遍之后,参与者才被告知要记忆一列新名词。一组人就记忆刚才念过 6 遍的词组中的名词,而另一组人要记忆的名词则与他们刚才读过的不一样。令人意外的是,托尔文发现两组人记忆单词的效果并没有区别——从统计上看,两组人的学习曲线是重合的。按照一般人的直觉来说,这肯定不可能,但事实证明,事先接触对事后记忆并没有帮助——仅靠重复无法增进学习效果。之后也有许多研究人员做过进一步的实验,考查重复接触或是长时间思考一件事情到底能不能对今后的记忆有所帮助。这些研究都证明并解释了这样的发

---

① 1 英寸为 2.54 厘米。——编者注

现,那就是重复本身并不能带来出色的长期记忆。[8]

这些发现让研究人员开始调查重复阅读课文到底有多大好处。华盛顿大学的科学家在2008年的《当代教育心理学》上刊文,介绍了他们在自己学校和新墨西哥大学进行的一系列研究,使人们对重复阅读帮助理解和记忆散文的效果有了更多的了解。和大多数研究一样,这些研究也借鉴了前人的经验。他们的一些研究显示,多次阅读相同的课文,人们的理解以及延伸出来的看法都是一样的;而另一些研究则表明,重复阅读只有微不足道的好处。这些好处体现在两种不同的情况中。第一种情况是把学生分成两组,一组在阅读过学习资料后立刻重新看一遍,另一组则只看一遍学习资料。两组学生在看完资料后马上接受测验,念两遍的学生要比念一遍的学生成绩稍好。不过如果把测验的时间延后一些,立刻重复阅读的好处就体现不出来了,两组人的表现都处于同一水平。第二种情况则是让一些学生先阅读资料,几天之后再读一遍。这组进行了间隔阅读的学生,测验成绩就好于那些没有重读的学生。[9]

在后续实验中,华盛顿大学的科学家们想要弄清楚在先前研究中发现的一些问题,也就是比较一下重复阅读在拥有不同能力的学生中的效果。研究人员设计了一个类似于课堂的学习场景。他们从课本和《环球科学》杂志中抽出5节不同的段落,让148名学生阅读。这些学生来自两所大学,一些人的阅读能力很好,另一些则较差。他们让一些学生只读一遍材料,另一些则连续阅读两遍。之后,学生们要回答问题,看看自己从资料中学到了什么，能记住多少。

无论是哪组学生，无论他们来自哪所学校，无论他们在什么条件下做测验，这组实验都表明，连续重复阅读不是有效的学习方法。事实上，研究人员发现，在这些测验条件下重复阅读，根本没有益处可言。

看看结论吧：在初次阅读过后，隔一段时间再阅读是有意义的；但是连续多次阅读只是空耗时间，好处少得可以忽略不计，而且浪费了时间，错过了耗时更少且更有效的方法。然而，对大学生的调查证明，教授们还是在用自己的老办法教学：标亮、加下划线、长时间盯着笔记与课本——还是最常用的学习方法。至少到现在为止依然如此。[10]

元认知带来的学习假象

如果重复阅读基本没有效果，那么为什么学生们还愿意用这种方法呢？一个原因可能是他们一直在接受糟糕的学习建议。不过还有一个前面提到过的原因，导致他们在不知不觉中就使用了这种复习方法：对一段文字越熟悉，越能流畅阅读，就会造成一种假象，认为自己已经掌握了阅读的内容。教授们的教学法就是一个例子，学生拼命记忆教授在课上说的每一句话，错误地认为学科的精要就隐藏在教授授课时的话语描述里。掌握某节课或是课本中的某章，和掌握这些内容背后的道理并不是同一件事，然而重复阅读造成了一种假象，让你以为自己掌握了其背后的道理。能背诵课文或课堂笔记并不代表你理解了它们所描述的要义，也不代表你会应用这些内容，更不代表你知道如何把它们和已知联系起来。

我们经常看到这种情况：大学教授打开办公室的门，发现大一新生沮丧地站在门口，想要和自己聊聊为什么第一次心理学入门考试成绩太差。怎么会出现这种情况呢？自己上课全勤，一丝不苟地做了笔记，也看了课本，还画出了关键段落。

你是怎么准备考试的呢？教授问。

学生回答道，自己复习了笔记，在里面画出了重点，然后把笔记的重点和课本的重点内容看了好几遍，直到觉得能背得滚瓜烂熟才停下来。都到这个份儿上了，怎么还会在考试中得到"差"呢？

你有没有用每章背后的关键概念测验过自己？在看到诸如"条件刺激"这样的概念时，能不能把定义讲出来，并在写作中用到这个概念？在阅读的时候，你有没有想过把课本中的要点转化成一系列问题，并且在之后的学习中试着解答这些问题？有没有至少在阅读时试着用自己的话来描述要点？有没有试着把新知识和已知联系起来？有没有找找课本外的例子？所有的答案都是没有。

你自视为好学生，一丝不苟，但事实是你不知道什么是有效的学习。

自以为掌握了所学，是元认知欠佳的一个例子。所谓元认知，就是指我们对知识掌握情况的理解。能准确判断知道什么和不知道什么，这对于做决策是至关重要的。美国前国防部部长唐纳德·拉姆斯菲尔德就总结过这个问题，他的这个说法为众人所熟知（同时也可以说是很有预见性）。在 2002 年的一次新闻发布会上，他说："有些事是已知的已知——有的事情我们知道自己知道；有些事是已知的未知，意思是我们知道有的事情是自己不知道的。但是还有未知的未知——那些我们不知道自己不知道的事情。"

最后一句话是重点。我们提出重点是想让读者理解：那些不给自己出题的学生（大多数学生都做不到这一点），容易过高地估计自己对学习资料的掌握程度。为什么会这样？当他们听到一堂讲得非常明白的课，或是读到一本写得十分透彻的书时，他们很轻松地就接受了其中的观点，这让他们觉得自己已经明白了，不需要学习了。换言之，他们没有去想什么是自己不知道的。等到考试的时候，他们就发现自己想不起关键概念，也不能在出现新的问题时灵活运用这些概念。同样，当他们重读自己的课堂笔记和课本以至非常流利时，这种流利让他们错误地以为自己掌握了重点内容、原理，以及真正学习的内涵，错误地相信自己能随时想起学到的东西。结果就是，即便是最努力的学生也会陷入两个误区：一是不知道自己学习中的薄弱之处，不知道要在哪里花更多精力才能提高自己的知识水平；二是爱使用那些会让自己错误地认为掌握了知识的学习方法。[11]

知识多不等于学习能力强

爱因斯坦曾说"创造力比知识更重要"，现在的大学生似乎很认同这一点，或许从他们穿的个性 T 恤上就能看出这一点。他们怎么会不这样想呢？爱因斯坦这句话本身就蕴含着一条明显且重要的真理：没有创造力，人类怎么能在科学、社会，以及经济领域有所突破呢？除此之外，一提到积累知识，给人的感觉就像在拉磨一般，而创造就有意思得多了。只不过，这种二分法的观点是大错特错的。你肯定不希望看到自己的神经外科医生，或是载着你飞过太平洋的机长身上穿着这种 T 恤。可是在提到标准化考试的时候，这种二分法的观点却有一定的市场。人们担心这种考试会强调记忆力，而忽视高层次的技能。虽然标准化考试存在陷阱，但我们真正应该考虑的问题是，如何在更好地学习知识的同时发展创造力。毕竟，没有了知识，分析、综合，以及创造性地解决问题的能力这些高级技能就都成了无源之水。正如心理学家罗伯特·斯滕伯格和他的两位同事指出的那样，"对要用到的东西一无所知，是不配谈实用的"。[12]

从厨艺到棋技，再到脑外科手术，不管在什么领域，想要成为大师，就要有循序渐进的过程。知识、概念性的理解、判断，以及技能要靠慢慢积累才能获得。只有在练习新技能的同时付出努力、展开思考，并在心里演练，成果才会显现。记忆知识点就像往建筑工地上运料，之后才能盖起房子。盖房子不仅要求工人了解众多建筑材料与配件，还要对物料组合有概念，例如知道屋架或过梁的承重能力，或是能量传递与转化原理，这样才能在保证室内温暖的同时又让房顶凉爽，以免业主半年后打电话来抱怨屋顶结冰。精通一件事情，既需要掌握已知，又需要清楚如何运用已知。

当马特·布朗在千钧一发之际判断是否要关闭右引擎的时候，他是在解决问题，而且他需要从记忆中调出只靠一台引擎飞行的流程，以及有关飞机损伤容限的知识，这样他才能判断飞机会不会摔下来，能不能直接降落。要想当神经外科医生，学生在医学院的第一年里必须记住全部的神经系统、全部的骨骼系统、全部的肌肉系统和体液系统。要是做不到，那她也当不了神经外科医生。想成功当然要靠努力，但同时也要找到合适的学习方法，让自己能在有限的时间内学到更多知识。

考试是最有效的学习策略之一

对于学生和教育工作者来说，恐怕再没有什么比考试更令人不快的了。尤其是近年来，社会越发关注标准化评估，网络论坛和新闻报道被读者围攻，他们控诉，强调考试只对记忆力有好处，却让人们损失了领悟能力与创新能力；考试给学生带来了额外的压力，是对一个人能力的错误衡量，等等。但是，如果我们不把考试看作衡量学习成果的标尺，而是把它看成从记忆中检索学问的一种练习，并非"考试"，我们就可以为自己创造另外一种可能：把考试当成一种学习工具。

在诸多研究成果中，有一项发现非常重要：主动检索——考试——可以强化记忆，而且检索花费的心思越多，受益就越多。飞行模拟器对比幻灯片讲座，小测验对比重复阅读，就是实实在在的例子。从记忆中检索知识有两大显著的好处：一是这能告诉你什么是你知道的，什么是你不知道的，然后你就可以判断以后要把精力放在哪个薄弱的环节上，加以改进；二是回想已经学过的东西会让大脑重新巩固记忆，强化新知与已知之间的联系，方便你在今后进行回忆。检索，也就是考试，可以有效地中止遗忘。研究人员做过这样一个实验：在伊利诺伊州哥伦比亚市的一所中学里，他们安排八年级的学生接受不重要的小测验（同时安排反馈），内容是科学课上的部分知识点，小测验成绩只占3个学分。另一部分知识点不会出现在小测验中，但是会安排学生复习3遍。在一个月后的大考时，哪部分知识点会被记得更牢？在考查小测验涉及的知识点时，学生们的平均成绩是"A-"，而在考查那些仅做复习但未做小测验的知识点时，学生们的分数变成了"C+"。[13]

以马特·布朗为例，即便他驾驶同型号商业飞机的经验长达10年，老板还是会每半年就让他去参加一系列考试，做模拟飞行训练，逼迫他去检索头脑中的信息与飞行操作，从而让他牢记操控飞机的必要知识。正如马特所指出的那样，飞行员很少遭遇紧急事件，如果不刻意练习在危急情况下需要做的事情，技能就会生疏。

教室里的研究以及马特·布朗给自己"充电"的经历都表明，检索练习有非常重要的作用，可以保证我们在需要时，能将所学派上用场。主动检索的威力是我们在第2章要讨论的主题。[14]

小 结

在大部分时间里,我们都在用错误的方式学习,给后进者的建议也没有什么价值。关于如何学习,我们很多时候都自以为是,所谓的一套方法都建立在直觉与盲信之上,禁不起实证研究的考验。感觉自己知道的假象一直缠着我们,让我们在那些没用的方法上白费力气。我们在第3章还会提到,人们即便参加了实证研究,亲眼看到了证据,还是会被这种假象迷惑。假象的说服力相当大。对于学习者来说,最好的习惯之一应该是进行有规律的自测,重新校准自己知道什么、不知道什么。我们在第8章会讲到西点军校2013级毕业生、"罗德奖学金"获得者凯莉·亨科勒少尉,她把用自测寻找学习重点的方法称作"找方位"。在陆地上辨别方向时,找方位意味着人要前往高地,在前进方向的地平线上找到一个参照物,调整指南针朝向,来确保自己不会迷失。这样一来,即便是在穿越低地的树林时,你也能一直朝着目标前进。

好消息是,现在我们知道了一些简单实用的策略,能让大家学得更好、记得更牢,而且这些策略人人可用,时时可用。这些方法包括各种形式的检索练习——例如低权重的小测验和自测、间隔练习、穿插不同但相关的科目或技能的练习,在别人教给你解决方案前先试着解决问题,从不同类型的问题中提取基本原理或规则，等等。我们会在接下来的几章中深入讨论这些策略。由于学习是反复的过程，需要复习早先学过的东西，持续更新已知，并把它们和新知联系起来，因此我们会反复涉及这些内容。在最后一章中，我们会把这些方法总结起来，给出具体的操作技巧与案例，从而让它们成为有用的工具。

2

学习的本质：知识链和记忆结

2011年的一个下午，威斯康星州的一位猎鹿人遭遇了意外，倒在玉米地里不省人事，脑后还有血迹。发现他的人把他送往医院，觉得他可能是摔倒了，被什么东西磕伤了脑袋。

一通急诊电话找到了神经外科医生迈克·埃伯索尔德。他发现病人有脑突出的症状，而且是枪伤引起的。这位猎人在急诊室里恢复了意识，但想不起来自己是怎么受伤的。

埃伯索尔德后来在回忆此事时说道："肯定是有人在较远的地方开了枪，可能是一杆12毫米口径的霰弹枪。子弹不知道飞了多远，打到了这个人的后脑，导致他颅骨骨折，弹片嵌进大脑大约一英寸。这颗子弹肯定已经飞了相当远的距离，不然还会打得更深。"[1]

埃伯索尔德是一名瘦瘦高高的男子。他认为自己的祖先是达科他州瓦帕萨一族的酋长，另一半血统则来自叫罗克的法国皮毛商人。他的祖先在密西西比河河谷地区定居繁衍，知名的梅约诊所后来就在此建立。埃伯索尔德上过4年大学、4年医学院，还

2
学习的本质：知识链和记忆结

接受过7年神经外科培训。在医学课上和与同事的探讨中，以及在梅约诊所和其他地方的实习中，他不断地拓展自己的知识与技能。虽然埃伯索尔德身上有美国中西部人的那种谦虚劲儿，但他其实给很多名人看过病。里根总统从马背上摔下来受伤之后，埃伯索尔德就参与了手术与术后护理；阿联酋总统扎耶德·本·苏尔坦·阿勒纳哈扬需要做一次脊柱修复手术，于是便找到了罗切斯特市的埃伯索尔德。在这位总统做手术的前前后后，阿联酋一半的政要和安保力量大概都驻扎在了美国的这座城市。那时，埃伯索尔德已在梅约诊所工作了很长一段时间，因为想回报早年出道时的知遇之恩，便回到了威斯康星的诊所帮忙。脑子里飞进了一块霰弹枪的弹片，是这个猎人走了霉运，不过能在那天找到埃伯索尔德出诊，也算是他的幸运了。

子弹打进去的地方有一大块静脉窦，这是一种输送颅内血液的软组织通道。在检查猎人伤势的时候，以往的经验告诉埃伯索尔德，打开伤口极有可能看到一条已经破损的静脉。他描述道：

> 我在思考，"病人需要手术。脑组织正从伤口外流。我们必须尽全力清理并进行修复，但这样很可能会碰到那条大血管，那可就非常危险了"。于是我在心里把该做的事情梳理了一遍。我说道，"病人可能需要输血"，然后准备好血浆。我检查操作步骤，步骤1～4。我们准备好手术室，提前告诉护士可能会遇到什么情况。所有这些都是标准程序，就像警察准备拦车临检一样。你

会想起书上教的东西,把所有的步骤都梳理一遍。

然后我走进手术室,还有时间把情况理清楚。我在想,"啊,不能直接把子弹取出来,可能会引起大出血。要在伤口边缘下功夫,而且要把一切准备好,以防意外,在那之后,我再取子弹"。

实际情况是,子弹和骨头正好卡在血管破裂处,就像塞子一样。这位猎人又走运了,如果当时伤口没有封闭,他连两三分钟都坚持不住。当埃伯索尔德取出子弹的时候,破碎的骨渣掉了下来,血液从静脉伤口处喷涌而出。"不到 5 分钟,失血量就有 400 毫升左右。我得跳出之前那种考虑各种可能性的思考模式,现在的情况是条件反射式的、机械式的。你知道出血会相当严重,所以没有什么时间去细琢磨。我只是想,'我得把这个区域边上缝起来。我之前有过经验,我要用这种特殊的方法'。"

这条静脉大概有成年人小指般粗细,在总共 1.5 英寸的破损区域里,伤口不止一处,需要在破损处前后都做缝合。但这里有一个问题:没法直接在破损处上缝针。因为这样做的话,一收紧线就会扯破组织,缝合线就会脱落。刻不容缓,埃伯索尔德转而用上了之前做类似血管手术时设计的技术。他从早先切开的病人皮肤上剪下了两小块肌肉,把它们植入创口,然后把破损静脉的两端缝在上面。这两块肌肉封闭了血管,既不会影响血管本来的形状,又不会撕破组织。这是埃伯索尔德自行研究出来的解决办法。这一操作花了 60 秒左右,病人又失血 200 毫升,但当这两块用来填补的肌肉被放置到位后，血便被止住了。"像这样把静脉窦封闭起来，对于有的人来说行不通，因为血液无法正常回流，会增加颅压。不过这位病人很幸运，他的状况允许这样做。"这位猎人在一周后出院，成了与死神擦肩而过的人，仅仅是视力范围受到了一些影响。

知识最终将变成条件反射

这个故事和我们要讲的事情有什么关系呢？我们的学习与记忆活动能从中借鉴些什么呢？在神经外科领域（应该说在出生后的所有事情上），人们可以通过反思自己的经历获得一种必不可少的知识。埃伯索尔德这样描述道：

> 手术时会出现很多难题。等晚上回到家后，我就会思考当时发生了什么，以及我能采取什么措施。例如用什么办法可以改进缝合方式？下针应该疏一些还是密一些，或者缝合线要靠在一起吗？要是我这样或那样调整一下，会产生什么样的后果？第二天上班后，我会试验一下，看看效果是不是更好。即便第二天不做尝试，至少我也把事情想清楚了。这样一来，我不仅重新温习了从课堂上学到的知识，或是复习了别人手术时的经验，而且还在其中增加了自己的感悟。这些补充的内容正是我在教学环节中错过的。

反思会涉及多种认知活动，这些活动可以带来更好的学习效果：从记忆中检索知识或是早期的训练内容，把这些和新体验联系起来，借助观察和思考，预先演练你下次可能采取的不同做法。

正是这种反思让埃伯索尔德尝试了修复后脑静脉窦的新技术。他在头脑中练习过这种技术，也在手术室中实践过这种技术，直到这种技术变成了一种条件反射式的本能操作。这样一来，当病人1分钟失血200毫升时，他才不至于手忙脚乱。

埃伯索尔德指出，要想确保新知识在需要时派上用场，"你要记住在特定情况下需要担心的事情，把它们排成表：步骤1～4"，然后花心思钻研。这样在情况紧急、没有时间思考步骤的时候，你才能靠条件反射做出正确的举动。"你必须不断回忆这种操作，它才会变成条件反射。就像赛车手处理紧急情况，或是橄榄球四分卫进行避让一样，你必须能不假思索，在条件反射的驱动下采取行动。一遍遍地回忆，一遍遍地练习，这是非常重要的。"

自我检测：给知识链打上记忆结

孩子用绳子把蔓越莓穿起来做项链，挂到树上后却发现蔓越莓从绳子的另一端掉下来了。不打结，就做不出绳串；不打结，就没有项链，就没有珠绣钱包，就没有精致的挂毯。检索给记忆这条绳子打了结。重复检索能让记忆更清透，而且它把记忆这条绳子又缠了一圈，使其变得更牢靠。

2
学习的本质：知识链和记忆结

早在1885年，心理学家就开始研究"遗忘曲线"，用它来说明我们的"记忆蔓越莓"从绳子上脱落的速度有多快。我们刚才还读过或听到的东西，有70%左右会在极短的时间里被忘却。在这之后，遗忘速度开始变慢，剩下的30%左右会被缓慢遗忘。这里面的教训很明确：改善我们学习方法的一大挑战就在于找到办法中断遗忘的过程。[2]

心理学家将检索的威力称为测验效应。在大多数时候，测验都被用来评定学习效果，给学生打分。但我们早就知道，检索记忆中的知识可以让它们在今后更容易被想起来。亚里士多德在论述记忆的文章中写道："反复回忆一件事情可以增强记忆。"弗朗西斯·培根也就这种现象撰写过文章，同样论述过此事的还有心理学家威廉·詹姆斯。今天我们从实证研究中得知，练习检索可以将知识学得更扎实，效果要远好于重复接触最初的资料。这就是测验效应，也被称作检索—练习效应。[3]

要想达到最佳效果，就必须重复多次检索，而且检索之间要有间隔。这样才能让人努力达成认知，回忆才不会变成无意识的背诵。重复进行回忆似乎有助于巩固记忆，让大脑中的信息结合得更紧密，同时增加并强化头脑中用于检索知识的神经回路。埃伯索尔德，还有经验丰富的四分卫、喷气机驾驶员、爱发短信的年轻人都知道，重复检索能把知识和技能深嵌在头脑中，使其成为条件反射，也就是大脑不需要刻意思考就可以做出反应。几十年来的研究已经证实了这一点。

然而，尽管研究成果与个人经验都证明了测验这种学习工具的威力，但传统教育环境中的教师与学生很少这样来运用测验，而且他们依然没有把测验当成一种学习工具。实际上，他们的认识远未达到这种程度。

2010年，《纽约时报》报道过一项科学研究：让学生阅读课本里的一段文字，然后选一部分人进行考试，让他们回忆阅读过的内容。一周之后再考察他们的记忆情况，结果发现接受考试的学生比没接受考试的学生多记住了50%的信息。按理说，这是一种不错的学习方法，但网上的评论却不这样认为：

> "又有作者混淆了学习与回忆。"
>
> "我个人倾向于尽可能少参加考试，尤其是我这种成绩差的，就更不用多考试了。在紧张的环境里，学习对记忆信息没有帮助。"
>
> "人们不应当关注考试能否强化记忆。我们的孩子不能再做类似的事情了。"[4]

很多评论者建议忘掉记忆，教育应当关乎高层次的技能。但是，你敢对自己的神经外科医生说记忆与解决复杂问题的能力毫不相干吗？许多人对标准化、"检验式"的测验感到失望，是因为测验只被当成了衡量学习成果的方法。这是可以理解的，但这样做也让我们放弃了最有用的学习工具。是要学习基础知识，还是要培养创新能力，这根本就不是二选一的问题——两者都需要。一个人对已知掌握得越好，他就越能用有创造力的方法解决新问题。不练习独创性与想象力,就没法积累知识。同样地,没有扎实的知识基础,创新也只是空中楼阁。

只需 1 次自测,一周后回忆率从 28% 跃迁为 39%

用实证研究的方法来考察测验效应的历史很悠久。首次大范围调查的结论发表于 1917 年。在那次调查中,三年级、五年级、六年级、八年级的学生要简单了解《美国名人录》中的人物介绍。部分学生被要求花不同的时间查阅资料,并默诵资料里面的内容。没有要求的学生只需要反复阅读资料。考察期结束时,全体学生都要写下自己记住的东西。三四个小时后,再进行一次这种回忆测验。结果显示,参与默诵的学生的记忆成绩要好于没有默诵、只是浏览的孩子。把 60% 的学习时间用在默诵上的学生成绩最好。

另一项有里程碑意义的研究成果发表于 1939 年,那次测验选择了艾奥瓦州 3 000 多名六年级学生。参与测验的孩子先研读几篇含 600 词的文章,然后在两个月里参加多次测验,最后进行一次大考。实验的结果颇为有趣:第一次测验延迟的时间越长,遗忘情况就越严重。另外,学生只要参加一次测验,就几乎不再遗忘了,而且后续测验的分数几乎不会下降。[5]

1940 年前后,人们转而研究与遗忘相关的事情,对把测验当作检索练习和学习工具来研究失去了兴趣。把测验当作研究工具的做法也不再流行:既然测验会中断遗忘,那你就不能用它来考查遗忘,因为这会"干扰"研究对象。

认知天性

1967年，一项研究重新唤起了人们对测验效应的兴趣。研究人员让实验对象学习36个单词，无论是重复学习，还是在他们首次接触这些单词后重复接受测验，两种方法的效果是一样的。测验与学习的效果相同，这一结论挑战了人们普遍的看法。这就把研究人员的注意力重新拉了回来，想看看测验作为学习工具到底有多大潜力，一大批与测验相关的研究就此出现。

研究人员在1978年发现，集中学习（填鸭式学习）能让人在即将到来的考试中取得较高的分数，但和检索式学习相比，集中学习遗忘得更快。对于集中学习的人来说，在第一次考试后时隔两天再考一次，他们就已经忘掉了第一次考试时所记住东西的50%；而同期进行了检索练习的人，遗忘的信息量只占前次考试时的13%。

之后的一项研究关注了多次测验对人的长期记忆有何影响。研究人员让学生们听一段故事，里面涉及60个实物的名称。学生在首次接触这些实物的名称后立刻参加测验，之后便可以记起首次测验中53%的内容，一周之后，这一比例便下降到39%。另一组学生学习同样的资料，但完全不参加测验，他们在一周后只能想起28%的内容。这样看来，进行一次测验就可以把一周后的成绩提高11%。如果立刻进行3次测验，而非1次，那么效果如何呢？还有一组学生在首次学习后参与了3次测验，一周后他们也能回忆起53%的物品名称——与其间只接受1次考试的学生成绩相同。实际上，接受3次考试的学生和接受1次考试的学生相比，已经对遗忘产生了"免疫"，而测验1次的学生又比初次接触资料后没有测验的学生记得多。所以说，多次检索练习的效果一般都要好于只检索一次，尤其是有间隔地进行测验。后来的研究也得出了同样的结论。[6]

另一项研究发现，填字母完善单词就能让实验对象更好地记住这个词。就拿词对来说，例如"foot-shoe"（脚—鞋），直接学习整个词对的人和通过"foot-s_ _e"这种方式学习的人相比，前者的记忆效果就要差一些。这项实验体现了"生成效应"。在学习这个词对的时候，稍微花些心思在已有的提示上，生成答案，会加强对目标单词的记忆（这里就是指后面的shoe，鞋）。有趣的是，这项研究发现，在首次学习这个词对后，要是能延迟检索练习的时间，其间插入20个词对进行记忆，记住这个词对的效果要好于直接重复。[7] 为什么会这样呢？一种看法是，推迟时间回忆需要付出更多的努力，这样做能更好地巩固记忆。于是研究人员开始发问，考试的时间安排是不是很重要？

答案是肯定的。当检索练习有间隔的时候，实验对象会在考试与考试之间遗忘一些内容，这会比集中练习产生更强的长期记忆。

研究人员开始寻找在实践中运用研究成果的机会。他们走进了课堂，用学生平时使用的课本展开了实验。

如何成为一名主动学习者

2005年，我们与同事联系到了伊利诺伊州哥伦比亚市附近一所中学的校长罗杰·张伯伦,向他提出了一个请求。在实验室的受控条件下,检索练习的积极效果已有充分体现,但在常规课堂背景下却鲜有提及。哥伦比亚这所中学的校长、教师、学生及家长是否愿意参与研究,看看测验效应"在实地中"的功效如何呢?

张伯伦校长确有顾虑。如果研究只涉及记忆力,他不是特别感兴趣。他表示,他的目的是培养学生更高层次的学习能力——分析、综合,以及应用。而且他对教师也有顾虑,教师们对工作干劲十足,都有自己的课程安排和各种各样的教学方法,他不想给教师们造成干扰。不过,这项研究的成果可能会有指导意义,何况参与研究也有实实在在的好处,可以在教室里配备智能黑板以及"自动应答器"等设备。众所周知,学校购买新设备的经费总是很紧张的。

六年级的社会学教师帕特里斯·贝恩很想试一试。研究人员认为在教室里开展工作很有吸引力,于是他们接受了学校的安排:研究必须尽可能地不干扰正常教学,要符合现有的课程安排、备课方案、考试形式及教学方法。不能更改教科书的内容。课上唯一发生变化的是偶尔加入小测验,这项研究将持续3个学期(约一年半)。这期间的社会学课程会涉及若干章的内容,包含古埃及、古美索不达米亚、古印度与古中国等内容。该研究项目于 2006 年启动。事实证明,参与其中是一个正确的选择。

研究助理普贾·阿加瓦尔针对六年级的社会学课程设计了一系列小测验,可以考查大概三分之一的授课内容。这些小测验并

2
学习的本质：知识链和记忆结

不是正式的，成绩不会计入学分。每次进行小测验时，教师不得在场，所以教师并不知道小测验的内容。课前会有一次小测验，涉及指定阅读资料中尚未讨论过的内容。等教师在当天的课程中讲解了这些材料之后，研究人员会再安排一次小测验。在单元考试前24小时，还会有一次复习小测验。

有人担心，到大考的时候，学生们在小测验涉及过的内容上要比没涉及的内容表现得更好，这也可以被说成是只要反复接触资料就可以获得更好的学习效果，与检索练习无关。为了排除这种可能，研究人员把一些小测验范围外的资料和小测验内容混合到了一起，并给它们配上了简单的复习说明，例如"尼罗河有两条支流：白尼罗河与青尼罗河"，这并不需要做任何检索。有些班级的小测验会涉及这些内容，但其他班级则只是重复学习同样的内容。

这些小测验只占用几分钟的课堂时间。在教师离开教室后，阿加瓦尔在教室前面的布告板上播放幻灯片，给学生们念上面的内容。每张幻灯片上要么有一道选择题，要么是一段包含事实内容的说明。在幻灯片上出现题目的时候，学生们使用应答器（与手机外形相仿的手持遥控设备）来选择答案A、B、C或D。在所有人都作答后，阿加瓦尔会揭晓正确答案，从而纠正错误并提供反馈。（虽然在这次实验中，小测验时教师并不在场，但就一般情况来说，可以由教师组织测验，这样他们可以立刻了解学生对学习资料的掌握情况，并利用学生的成绩来指导他们今后的讨论或学习。）

单元考试是教师组织的正常的笔试。学期末和学年末也有考试。这些考试的内容，在教师平时的授课、家庭作业，以及练习题中都会涉及。不过，其中三分之一的资料会在三次小测验中出现，另外三分之一则是学生多学三次，剩下的内容既不出现在课上小测验中，又不让学生进行额外的复习，只讲授一次，不要求学生阅读指定资料。

实验结果非常惊人：孩子们在进行过小测验的资料上的分数，比那些没有进行过小测验的资料高了十多分。此外，对于那些仅作为复习说明但没有纳入小测验范围的资料来说，学生们在这些资料上的考试分数与没复习的资料相同。这再一次证明，单纯的阅读对学习是没有多少帮助的。

2007年，涵盖了遗传、进化与解剖学内容的八年级科学课也加入了这项研究中。实验方式不变，最后的结果同样令人印象深刻。期末时，八年级学生在没有经过小测验资料上的平均分是79（C+），而在接受过小测验的内容上，学生们的得分是92（A-）。

测验效应在学年考试之后还持续了8个月，这佐证了许多实验室研究得出的结论：检索练习有长期好处。如果坚持进行检索练习，比如在大考间隔期间每月进行一次，效果肯定更好。[8]

哥伦比亚这所中学的很多教师对这些研究成果非常重视。直到今天，帕特里斯·贝恩的六年级社会学课程都在坚持课前小测验与课后小测验，还会在每章的考试前进行一次复习小测验。八年级的历史教师乔恩·韦伦贝格并未参与研究，但他也在课堂里加入了各种形式的检索练习，其中就包括小测验。此外，他还在自己的网站提供了线上工具，例如游戏与抽认卡。以介绍奴隶社会历史的课程为例，韦伦贝格要求学生们在阅读文章段落后，写

2 学习的本质：知识链和记忆结

下自己之前并不知道的、有关奴隶制度的 10 件事。练习检索并不一定要有花哨的电子设备。

在米歇尔·斯匹维的英语课上，来自六年级与七年级的 7 名学生需要提高自己的阅读理解能力。在最近一段时间里，他们的阅读课程发生了有趣的变化。每名学生被要求大声朗读书中的一段文字。如果朗读时出现了错误，斯匹维就会让这名学生再试一次。如果顺利读完，她会尝试让班里的学生解释这段话的含义，想象人物的心理活动。这再一次证明，检索与细化并不需要高科技。

在这所中学开展的小测验并不是什么负担。研究结束后，我们调查了学生们对小测验的看法。64% 的学生表示，小测验减轻了他们对单元考试的忧虑，89% 的学生则感觉小测验提升了学习效果。孩子们不满意的地方是不能天天使用应答器，因为使用应答器可以打断教师讲课，这在他们看来很有意思。

当被问及对研究结果的看法时，校长张伯伦干脆利落地回答道："检索练习对孩子们的学习有重要意义。事实证明这是有价值的，我们也诚恳地向教师提出建议，请他们在授课时加入这一环节。"[9]

对于年龄更大一些的人来说，测验还会有类似的效果吗？

安德鲁·索贝尔在圣路易斯的华盛顿大学讲授国际政治经济学课程。他有一堂课非常受欢迎，听课人数在 160～170 人，大一和大二的学生居多。不过，他发现有几年，学生的出勤越来越成问题。在学期过半的时候，会有 25%～35% 的学生缺勤，而在学期开始不久，缺勤人数大概只有10%。他说并不只是自己的班级才有这个问题。很多教授会把讲义发给学生，这样一来，学生就干脆不来上课了。为了防止学生缺勤，索贝尔不给学生发讲义，但到期末还是有很多学生缺勤。原本，整个学期安排了两次大考，一次在期中，一次在期末。为了提高出勤率，索贝尔把两次大考换成9次突击小测验，改用小测验决定学分，而且事前不做通知，想必学生们一定会提高出勤率。

结果令人失望，在整个学期中，有三分之一甚至更多的学生改选了别的课程。"教学评价让我备受打击，"索贝尔告诉我们，"孩子们讨厌这种方式。如果他们在小测验上的分数不佳，他们就会选择退出这门课，避免自己的学分因为这堂课受损失。在那些坚持下来的学生中，我又遇到了两极分化的情况，一部分学生既出勤又做作业，另一部分学生既不出勤又不做作业。我给出的'A+'和'C'比以往任何时候都多。"[10]

因为拯救出勤的努力严重受挫，索贝尔只能放弃尝试，重新使用过去的教学方法，每学期还是考两次试。不过，几年后他听了一次演讲，里面讲到测验对学习有益，于是他便在学期中加入了第三次大考，想看看这样做会对学生们的学习效果有何影响。事实证明这样做的确有帮助，但没有达到他的期望，缺勤问题仍然存在。

他绞尽脑汁，再次向教学计划发起挑战。这次他宣布，学期内会有9次小测验，而且明确给出了小测验的具体时间。不发起突然袭击，也没有期中和期末大考，因为他不想因此占用太多的

2
学习的本质：知识链和记忆结

授课时间。

尽管担心听课人数会再度跌入低谷，但事实上，来上课的学生增加了一些。"与孩子们都讨厌的突击小测验不同，现在的小测验都在课程表上明示了。如果错过了，那是他们自己的问题，不是我突然袭击或恶意刁难。学生们很适应。"索贝尔看到出勤状况有所改善，也很满意。"没有小测验的时候，学生可能不来上课，但到小测验的时候，他们终归是要现身的。"

与课程一样，小测验的内容也是渐进式的，题目和索贝尔过去出的大考问题类似，但前半学期的答案质量比过去好很多。在持续这样做了 5 年之后，他对新模式的效果深信不疑。"学生们在课堂上讨论得热火朝天。作业质量和之前有天壤之别，这一切只是用 9 次小测验取代了 3 次大考的结果。"到学期末，他让学生们就课堂上讲述的概念撰写几段话，有时是一整篇文章，作业质量可以与他之前见过的优等班的学生作品媲美。

"人人都可以设计出这种教学方案。我在想，天啊，要是几年前就这样做了，我就能教给他们更多的知识了。采用这套方案，让我觉得自己成了自己心中的好教师，我的教学只是学生学习中的一环。如何安排教学也很重要，或许相当重要。"与此同时，选课人数已经增至 185 人，而且还在增加。

为何学习越轻松，效果越不好

安德鲁·索贝尔的例子令人难以置信，可能反映出了多种积极的影响,尤其是累加的渐进式学习。这就像拿存款复利一样,只要在整个学期里安排小测验,把课程资料"转存"到小测验中即可。不管怎么说,他的经历正好和那些分析测验效果和测验差异的实证研究相吻合。

举例来说,有一项实验要求大学生学习与各门科学相关的介绍性文章,内容类似他们的课本,然后安排他们在首次接触这些资料之后立即进行回忆测验,或是重新学习这些资料。两天后,立即接受回忆测验的学生记住的内容要多于那些只是重新学习的学生(68%对54%),而且这种差距在一周之后依然存在(56%对42%)。另一项实验发现,一周之后,只学习但不测验的学生忘掉的内容最多——忘掉了最开始记住内容的52%——而重复测验组只忘掉了10%。[11]

如果对测验的错误答案给出反馈,会对学习产生何种影响呢?研究显示,与单单进行测验相比,给出反馈更能增强记忆。而且有意思的是,有证据显示,稍微把反馈延迟一段时间会产生比立刻反馈更好的长期学习效果。这一结论看似违背常理,但在研究人们学习带球上篮、高尔夫长打这些运动技能时,研究人员也有类似的发现。人们在学习运动技能的时候会做错试验动作,会出错,再加上反馈延迟,场面会令人非常尴尬,但这样做要比立即纠正错误的效果好。立即反馈就像自行车两侧的辅助轮,学骑车的人很快就会对这种纠正产生依赖。

就学习运动技能来说,有一条理论是,如果立即反馈成了学

2
学习的本质：知识链和记忆结

习的一部分，那么等到真实环境下没有了这种反馈，学习者建立起来的模式就会出现缺失，进而影响表现。另一个观点是，反馈会频繁打断学习过程，带来太多变数，有碍学习者建立稳定的表现模式。[12]

延迟反馈在课堂上也有好处，而且这种好处比立即反馈持久。还是那项让学生学习科学文章的实验，研究人员选择部分学生，允许他们在答题时翻书，相当于开卷考试，这实际上是在测验时向他们提供持续的反馈。另外一组学生在接受测验时无法参看资料，只能在测验过后查看相关内容，而且需要检查自己的答案。开卷组在即时测验上的分数自然比较好，但对于那些在完成测验后再获得纠正反馈的学生来说，他们在后来的一次考试中表现得更加出色。笔试上的延迟反馈之所以有帮助，是因为它能让学生们在间隔一段时间后再进行练习。正如我们在下一章会讨论的内容，有时间间隔的练习会改善记忆。[13]

哪些检索练习更能产生长期性的好处呢？需要学习者作答的测验，例如写一篇短文或者给出简短回答的考试，或是只用抽认卡来进行练习，似乎都会比选择题、是非题这类简单辨识型的测验更有效。不过，即便是像哥伦比亚中学的那种选择题测验，也可以产生不错的学习效果。从总体来看，任何一种检索练习都有助于学习，但深究起来似乎可以发现，检索时付出的认知努力越大，记忆效果就越好。近年来对检索练习的研究层出不穷，一项针对这些研究的分析显示，即便只是在课上进行一次测验，学生期末考试的分数也会有很大提高,而且随着测验次数的增加,学习上的收效也会持续加大。[14]

所有的科学理论都告诉我们,反复检索可以加强记忆。实证研究则证明,测验效应是真实存在的——检索一段记忆的活动会改变这段记忆本身,可以让它在今后更容易被再次检索。

作为一种学习技巧,检索练习的普及范围有多大呢?我们的调查显示,多数大学生没有意识到这种方法的效果。另一项调查则发现,只有11%的大学生称自己使用了这种学习方法。即便是那些自测过的大学生,大多也只是表示自测可以让自己发现尚未掌握的知识,以便更仔细地研究资料。这当然是测验的用途之一,但学生们没有意识到的是,检索本身还能强化记忆。[15]

重复测验会不会导致死记硬背呢?研究表明,测验比重复阅读更能将知识迁移到新背景或新问题中。而且,对于那些相关但未被测验过的资料来说,测验能提高一个人记忆和检索这类资料的能力。虽说这一点还需要更多研究证实,但是检索练习似乎可以让人在复杂的环境中更容易地获得所需的信息。

学生是否会抵制测验这种学习工具呢?的确,学生们一般都不喜欢测验。理由不难理解,尤其是期中和期末这些关键考试,分数意义重大。然而,所有记录了学生测验态度的研究都发现,经常参加测验的学生在学期结束时对课程的评价都高于那些参加测验较少的学生。经常参加测验的学生到期末考试时已经掌握了学习资料,不需要"临时抱佛脚"。

接受测验会对后续的学习有何影响呢？在一次测验后，学生们会花更多的时间重新学习那些生疏的资料。与只重复学习但没有接受测验的同学相比，前者会从中学到更多的东西。强调重复阅读但不自测的学生，会过高地估计自己的知识水平。相比来看，进行过小测验的学生有双重优势：他们不仅能更准确地判断自己的已知和未知，还能从检索练习中获得更好的学习效果。[16]

经常进行的低权重的课上测验还有没有其他间接的好处呢？除了能强化学习与记忆效果，测验制度还能改善学生的出勤情况，能让学生预习（因为他们知道有小测验在等着），在课后安排测验还能增加学生们在课上的注意力，并且能让学生们更好地了解自己知道什么，哪里需要加把力气温习。这种测验还是一剂解药，可以解决误把重复阅读产生的流利感当成精通知识的问题。经常性的低权重测验有助于缓解学生们对测验的焦虑，因为这样是从更大的范围上分担成绩，考试不再是"一锤子买卖"。另外，这种测验可以让授课者发现学生理解能力的差异，从而因材施教，调整授课方式。无论是在教室里，还是在网络授课中，低权重的测验都具备这些优点。[17]

小结

练习从记忆中检索新知识或新技能是有效的学习工具，也是保持长久记忆的有力武器。但凡需要大脑记住、需要在将来回忆的东西，都可以用到它——对于事实、复杂的概念、解决问题的技巧、运动技能来说都适用。

努力检索有助于人们获得更好的学习效果，产生更持久的记忆。我们很容易相信，学东西时越轻松，学习效果就越好，但研究证明，事实恰恰相反。只有当头脑被迫工作时，才会将所学的东西记得更牢靠。在检索所学时付出的努力越大——只要真正做到了这一点——检索就会越好地强化你的所学。在第一次测验后，推迟的后续检索练习要比立即练习更能强化记忆，因为延迟后再检索需要花更大力气。

反复检索不仅能让记忆更持久，还能让知识在更多变的环境中更容易被检索，而且可以解决更多的问题。

虽然填鸭式学习能让你在马上进行的考试中获得更高的分数，但这种学习方式带来的成果会很快消退，因为和检索练习相比，反复阅读会遗忘更多东西。检索练习的好处是长期的。

只需在一堂课上加入一次测验（检索练习），就能极大地改善学生期末考试的分数。而且，课堂测验进行得越频繁，收效就越大。

2
学习的本质：知识链和记忆结

测验不是非要由授课者发起。学生可以随时随地练习检索，并不是非要在课堂上做小测验。二年级的学生可以用抽认卡来学习乘法表。这个方法也完全适合任意年龄的学习者自测，无论学习的科目是解剖学、数学，还是法律。自行测验要比重复阅读花更多功夫，所以这种方法可能不受欢迎，但正如前文强调的那样，在检索上下的功夫越多，记住的东西也就越多。

和那些只是重复阅读资料的学生相比，参与测验的学生更了解自己的学习进展。同样地，这种测验能让授课者发现差距与错误概念，从而调整授课方式，进行纠正。

在测验后向学生提供纠正反馈，可以避免他们记住错误的东西，让他们更好地学习正确的答案。

在课上引入无关紧要的小测验会让学生们接受这种练习。经常参加测验的学生对课程的评价更高。

现在再来看看张伯伦校长一开始的担忧吧，在哥伦比亚中学推行小测验实验是不是一种改头换面的死记硬背呢？

在研究结束后，我们向他提出了这个问题。他犹豫了一下，想了想，说："真正让我感到高兴的是，孩子们能在不同的环境中评估、综合、应用一种理论。只要他们打好学习与记忆的基础，就能以一种有效得多的方式做到这一点，他们不用再浪费时间重新思考词语的具体含义，或概念的具体定义。这种学习方法可以将他们提升到更高的层次。"

3

"后刻意练习"时代的到来

或许人们不能马上想到,和重复复习以及反复阅读比起来,检索练习是一种更为有效的学习方法。不过大多数人都相信,测验对于体育项目来说有相当重要的意义。我们常说的"练习,练习,再练习"就是这个意思。这里有一项研究可能会让你大吃一惊。

在体育课上,一组8岁大的孩子练习将沙包投进篮子。半数孩子在距离篮子3英尺远的地方投,其余的孩子从2英尺远和4英尺远的地方投。12周过后,让这些孩子接受测验,把篮子摆在距离他们3英尺远的地方。投篮最准的孩子出现在2英尺和4英尺练习组,他们从没练习过在3英尺远的地方投篮。[1]

我们卖个关子,稍后再讲投沙包的道理,先来看看一个普遍存在的、有关我们如何学习的错误看法。

频繁的集中练习只会产生短期记忆

多数人认为,一心一意学某样东西,学习效果会更好:"练习,

3
"后刻意练习"时代的到来

练习,再练习"就是要让人牢牢记住一项技能。信奉专注的力量,在一段时间里反复练习一件事情,直到真正掌握。这是教师、运动员、企业培训人员,以及学生普遍持有的一种看法。研究人员将其称为"集中式的"练习。我们之所以相信这种做法,很大程度上是因为我们这样做的时候能看到效果。然而,眼睛蒙蔽了我们,让我们信错了对象。

如果把学习定义为获得新知识或新技能,以及能够在以后运用这些知识与技能,那么你获得某项知识或技能的速度只是整个学习中的一个环节。等到需要把学到的东西付诸实践的时候,你还能想得起来吗?虽说练习对于学习和记忆来说至关重要,但研究已经证明,只有当练习被分散安排在有间隔的培训里的时候,才更为有效。集中练习可以快速收效,这一点往往表现得很明显,但随后而至的快速遗忘却不被人们注意。有间隔的练习,穿插安排其他的学习内容,加上多样化的练习,会让你把学到的东西掌握得更牢固,记忆得更长久,而且更为实用。但这些好处是有代价的:当练习有间隔、与其他内容有穿插且多样化的时候,你花费的努力也就越多。你会觉得花了更多精力,但收效却不划算。这种练习会让你感到学习收效来得更慢了,而且以前靠集中练习获得的快速改善以及确定感都不见了。即便研究项目的参与者通过有间隔的学习获得了更好的成果,他们也不将其视为改善——他们相信自己用集中练习的方式可以学得更好。

我们几乎能在所有地方看到集中练习的例子:提高语言水平的夏令营,承诺迅速见效、只授一门课程的学院,针对职场人士开办的再教育研讨班，在那里，培训课程被浓缩到一周。为考试进行的填鸭式学习是集中练习的一种形式。它看上去是一种颇有成效的方法，而且没准也能让你通过第二天的期中考试，但等到你参加期末考试的时候，大部分资料早就被遗忘了。有间隔地安排练习，虽然感觉上成效没有那么显著，但之所以这样做，就是为了让你在这段时间里出现一些遗忘，让你付出更多的努力来回忆学过的概念。这样做不是要让你产生领悟的感觉，你没意识到的是，正是花费了更多的心血，学习成果才变得更牢固。[2]

间隔练习使知识存储得更牢固

人们早就发现有间隔地安排练习有好处，下面这个生动的例子可以让你更好地了解这种方法。有人挑选38名住院外科实习医生进行了一项研究，这些医生被安排参加有关显微手术的四节小课，内容是如何把细小的血管重新连接起来。每节课都有教学内容，之后是一些实践。半数医生在一天内就上完了全部四节课——正常的在职培训就是这种安排。另外一半医生也上完了同样的四节课，不过每节课之间有一周的间隔时间。[3]

在最后一节课结束一个月后，研究人员测验实验对象。无论是在哪个评估环节——完成手术的时间、手部移动的次数，以及重新连接血管的成功率、活鼠主动脉搏动情况——那些每节课之间有一周间隔的医生，其表现都要超越另外一组医生。两组医生之间的表现差异非常明显：一天上完四节课的医生不仅在所有评估环节上的得分都低，而且其中有16%的人损伤了实验白鼠的其他血管，未能完成手术。

为什么间隔练习比集中练习更为有效呢？大概是因为向长期记忆中存放新知识需要有一个巩固的过程。在这个过程中，记忆痕迹（大脑中有关新知识的心理表征）得到加深，被赋予含义，并和已知联系起来——这个过程需要数小时，甚至数天。快速频繁的练习会产生短期记忆，持久记忆则需要花时间进行心理演练以及其他巩固过程，因此有间隔的练习更为有效。出现了一些遗忘后，再检索所学的东西，就需要花费更多的力气，这会重新触发巩固过程，进一步强化记忆。我们在下一章会探讨有关这个过程的一些理论。

穿插练习有助于长期记忆

在练习中插入两个以上的主题或技能，也是一种胜过集中练习的学习方法。这里有一个小例子。教两组大学生计算4种少见的几何体的体积（楔体、椭球体、锥球体及半椎体），然后让他们解练习题。一组学生的题目按照问题类型区分（先解四道计算楔体体积的题，再解四道计算椭球体体积的题，以此类推）。另一组学生解同样的练习题，只是题目的类型是混合的（穿插安排的），而不是将同一类型的题放在一起。根据我们在前面讲过的概念，大家应该能猜到结果。在练习中，按统一类型解题的学生（也就是集中练习的学生）的平均正确率为89%，而按混合类型解题的学生，正确率只有60%。但是在一周后的最终测验上，之前练习统一类型解题的学生的平均正确率只有20%，而进行穿插练习的学生的平均正确率为63%。把问题的不同类型混搭起来，虽说在最初的学习阶段有所阻碍，但这种方法让最终测验成绩提高了惊人的215%。[4]

现在，假设你是公司的培训人员，想要教雇员一套复杂的新工序，其中包含10个步骤。通常的培训办法是先训练步骤1，重复多次，直到被培训者似乎已经掌握。然后进行步骤2，再重复步骤2直到雇员掌握，像这样依次进行，学起来似乎速度很快。穿插式的练习是什么样的？你先练习几次步骤1，然后跳到步骤4，然后到步骤3，接着是步骤7，这样进行。（我们会在第8章讲到，农夫保险公司在培训新业务员时，采用一种螺旋式的方法反复练习，这种方式会以看似随机的顺序，让新业务员复习关键的技能，每次复习会添加新的背景与含义。）

从感觉上说，用穿插安排内容的方式学习，效果要比集中练习来得慢。教师与学生能体会到这两者的差异。他们发觉，用了穿插练习，自己对知识的掌握就要慢得多，而保持长期记忆的优势并不是那么明显。结果就造成穿插练习的方法并不受欢迎，而且很少被使用。教师们不喜欢它是因为见效太慢，学生们则认为这样做会导致混淆：他们刚刚对新资料有点儿了解，还没有熟练掌握的感觉，就要被迫转换到其他方面。但研究清楚地显示，从掌握知识和长期记忆上看，穿插练习远比集中练习的效果好。

多样化练习促进知识的活学活用

好了，现在回过头来看看掷沙包的研究吧。为什么从没练过 3 英尺距离投掷的孩子表现最好，而只练 3 英尺距离投掷的孩子却表现不佳呢？

虽说沙包研究关注的是对运动技能的掌握情况，但大量证据证明，这背后的原理也适用于认知性的学习。这里的核心概念是，多样化练习——在不同的距离上把沙包扔进篮子里就是一个例子——能提高活学活用的能力，能把在一种情景下学到的东西，成功地应用到其他情景中。你进一步理解到，想要在不同条件下获得成功，就要有相应的行为。你对条件的领悟更加透彻，并且发展出了一套更为灵活的"行为词汇表"——应对不同情况下的不同行为。至于训练变化的范围（例如 2 英尺和 4 英尺）是否必须围绕特定的任务设定（3 英尺的投掷距离），还有待进一步研究。

近来的神经成像研究提供了证据，证明了多样化培训的确会有好处。研究显示，进行不同种类的练习会使用大脑的不同区域。从认知的角度看，通过多样化练习学习运动技能要比集中练习有更大的挑战。大脑中一个学习更高级运动技能的区域似乎可以通过这种难度更大的处理方式巩固你学到的运动技能。反观通过集中练习学到的运动技能，它会在大脑的另一个区域得到巩固，这个区域是用来学习难度更低、从认知上看更简单的运动技能的。由此可以得出结论，通过难度较低、集中式的练习学到的东西，被编成了一个更简单、相对来说更直白的心理表征。相比之下，多样化、难度更高的练习需要耗费更多脑力，通过这种方式学到的东西会被大脑编成更灵活的表征，适用范围也会更广。[5]

对于运动员来说，集中练习一直是一条金科玉律：勾手投篮、推杆将高尔夫球打进 20 英尺远的球洞、练习反手挥拍、橄榄球员做横移突破，总之要一遍遍地练习，直到动作能顺利完成，培训出"肌肉记忆"——至少理论上是这么回事。虽然过程很慢，但体育圈逐渐在接受多样化训练的做法。以冰球运动中的互传为例，这要求你接到球后，立刻将其传到一名正在冰上移动的队友脚下，让对手不容易找回平衡，无法给运球者造成更大压力。曾在洛杉矶国王队任助理教练的杰米·昆彭过去就习惯让队员在冰场上的同一位置练习互传。即便中间会加入其他一连串动作的练习，但只要是在冰上的同一位置练习，或是总按照固定顺序练习那一连串动作，其实就相当于你只在 3 英尺远的距离投沙包。昆彭现在改变了训练方式。与我们交流之后，他已经转而为芝加哥黑鹰队效力了。我们本来打算关注黑鹰队的训练，不过在本书校订出版时，昆彭和他的团队已经赢得了斯坦利杯[1]。或许这并不是巧合？

近期一项实验显示，即使是与学习运动技能相对的认知性学

---

[1] 斯坦利杯（Stanley Cup）是北美职业冰球联赛的最高奖杯。——编者注

习，也可以从多样化练习中获益。实验内容从沙包测验转为学习动词：在这个实验中，学生们要寻找变位词——把字母重新排列组词，例如，把"tmoce"中的字母顺序重新排列可以得到单词"comet"（彗星）。有的实验对象一遍又一遍地练习同一种变位，而其他人则练习一个词的多种变位。等到拿前者练习的变位来考这两组人时，后一组人的表现反倒更好。无论是练习识别树木的种类、区分判例法① 的原则，还是掌握一门新的计算机程序，我们都能从这种学习方法中获益。(6)

善用练习组合，带来成长性思维

与集中练习相比，穿插练习与多样化练习的一个显著优点是，它们有助于我们更好地学习如何评估背景，以及辨识问题间的差异，从一系列可选的答案中选择并应用正确的解决方案。在数学教学中，教科书本身就是集中式的：每一章都是为了解决某个特定的问题而设计的。你要在课堂上学习，然后用作业练习。在学习新知识前，你得先在作业里完成 20 道例题。下一章又是不同类型的问题，你还是要同样专心地学习并练习那种解法。在整个学期里，你都要这样一章接一章地完成这个漫长的征程。但是到期末考试时，这些问题都被混在一起出现了：在依次解题的过程

---

① 判例法（Case Law）是基于法院判决而形成的具有法律效力的判定，对以后的判决具有法律规范效力，能够作为法院判案的法律依据。——编者注

中，你会问自己该用哪种算法。这种算法是第5章、第6章，还是第7章的内容？你之前是在集中或是内容彼此独立的条件下重复学习的，不曾练习这种重要的分类。但在生活中，实际问题往往是以后一种方式出现的：我们在不经意间就会遇到问题与机遇，没有任何顺序。由于学习必须要有实际价值，所以我们必须能辨别出"这属于哪一类问题？"，这样才能选择并应用恰当的解决方案。

有研究表明，人们可以通过穿插练习与多样化练习来提高辨识能力。其中一项研究的内容是怎样学着找到绘画作品的作者，另一项研究则关注如何学习给鸟分门别类。

研究人员最初预测，用集中练习的方式来识别画家作品（也就是先大量研究一位画家的作品，然后再研究其他画家的作品），是让学生学习画家独特风格的最好方式。集中研究每位画家的作品，一次只研究一名画家，能更好地让学生们把艺术作品与作者对应起来，效果应该好于让学生们穿插接触不同画家的作品。人们认为，穿插练习难度太大，而且容易混淆，学生会找不出其中相关联的元素。结果表明研究人员预测错了。对于辨别画作来说，集中练习寻找一位画家作品中的共性，不如穿插练习找多名画家作品中的差异性。穿插练习的辨识效果更好，而且在后来的画家与画作匹配测验中，使用这种方法的学生得分更高。另外，穿插练习组的学生还能更好地把此前学习中从未见过的作品与画家的名字对应起来。虽然有了这些研究成果，但参与实验的学生还是坚持使用集中练习，因为他们相信集中

3 "后刻意练习"时代的到来

练习的方式更好。即便测验分数已经表明穿插练习是更好的学习方法,学生们还是坚持自己的想法,认为集中精力辨认一位画家的作品效果更好。集中练习的错误观念很难被拆穿,即便有亲身经历也不容易做到这一点。[7]

人们研究了学习给鸟类分类的方法,再次证明穿插练习能提高辨识能力。这种研究并不像听上去那么简单。有一项研究就给学生展示了鸟类的20个科(鸫科、燕科、鹟科、雀科等)以及每个科下的12个种(褐嘲鸫、弯嘴鸫、本氏鸫等)。要想识别一只鸟的科,就要考虑很多特征,例如体形大小、羽毛、行为、地理位置、喙的形状、眼睛的颜色等。鸟类识别有一点很麻烦,那就是一个科下的成员有很多相似的特征,但并不是所有成员都是如此。举例来说,很多鸫鸟有一条长长的、稍微弯曲的喙,但并不是所有鸫鸟都这样。对于一个科来说,有些特征是典型的,但并不是这个科的所有成员都具备这些特征,这种特征也不能作为区分的依据。因为分类学的原则是只能依赖那些特征性状判断,而不能依靠那些定义性状(也就是所有成员都具备的那些性状)判断。所以给鸟分类是学习概念和做出判断的工作,而不是只靠记忆特点就能完成的。因此,在学习那些划分科与种的基本概念时,采用穿插与多样化练习就比集中练习更有帮助。

从上述研究中可以归纳出一个结论:记忆与辨识需要"事实性的知识",这可以被视作比"概念性的知识"低一个层次的学问。概念性的知识需要我们理解大结构下各组成元素之间的关系，理解它们是如何作为一个整体发挥作用的。分类学需要的就是概念性知识。有人按照这个逻辑指出，练习检索事实与范例的方法不足以让人理解一般性特征，它达不到理解一般性特征所需要的智力水平。对鸟类分类学的研究则显示事实恰恰相反：这种学习方法有助于学生辨识并区分复杂的原型（例如同一科物种的相似性），能帮助他们领悟背景差异与功能差异。学生了解这些差异，不仅是在获取简单形式的知识，还是在实现更深层次的领悟。[8]

知识是平面的，复合型知识是立体的

事实性的知识是直白的，而更高层次的学问讲究对知识的灵活运用。这两者间的区别或许有些模糊，不过对于圣路易斯华盛顿大学医学院的道格拉斯·拉尔森来说，两者间的确存在相通之处。在他看来，鸟类分类学所需的技能与医生诊断病人所需的技能是相似的。"之所以说多样化重要，原因在于它有助于我们在比较时看出事物之间更多的细微差别。"他说，"医学中有很多这样的例子。从某种意义上说，每次出诊都是一次测验。要想辨别症状与症状间的联系，就要运用多种外显记忆与内隐记忆。"所谓内隐记忆，是指我们在理解新经验的时候，会自动检索过去的经验。举例来说，有人来看病，描述了一下病情。你作为医生，在倾听的时候就会有意识地对照头脑中的病例库，看看有没有对应的症状。同时，你还会无意识地运用过去的经验，来理解这名病人告诉你的情况。"剩下的工作就是做出判断了。"拉尔森说。[9]

拉尔森是一位小儿神经科医师,在医院和学校诊所里接待病患。他是一位大忙人:除了治病救人,他还要监督培训医师的工作,进行教学,时间允许的时候,还要在医学院与认知心理学家合作,开展研究。通过上述所有工作,他重新设计并改进了学校的小儿神经学课程。

你大概能想到,医学院会采用多种方式教学。除了课堂授课与实验室练习,在这所学校的三个模拟中心里,学生们还会利用高科技的人体模型练习医学复苏和其他诊疗手段。每个"病人"都连接着显示器,有心跳、血压、能够扩张与收缩的瞳孔,而且在另外一间屋子里,还有控制人员在观察并操作这个模型,从而使其具备听说能力。这所学校还会利用"标准化病患"——照剧本假扮患者的演员——装出各种症状供学生们诊断。中心会模拟标准的诊所,学生们在接触病人时,无论是诊疗态度、体检技能,还是全面问询病人相关的问题,以及确诊并拿出治疗方案,在方方面面都必须表现得十分专业。

通过研究这些教学方法,拉尔森得出了一些有意思的结论。首先是看似很明显的一点:如果你的学习经验与出诊有关,那么你在有关出诊的测验中就能更好地表现出自己的能力。仅靠学习书中所讲的病理知识是不够的。不过,在期末笔试中,给病人做过检查的医学院学生,和那些运用书面测验来学习的学生相比,考试分数是完全一样的。原因是在书面测验中,学生们获得了大量知识,而且只要求对特定信息的问题作答。在检查病人时,你只能全凭自己，运用正确的心智模型和步骤来进行诊疗。相较只从书中阅读诊疗方法，在病人或模拟病人身上练习这些步骤会提高你的成绩。换言之，最为有效的检索练习，是那些可以反映出你今后如何运用自己知识的检索练习。决定你今后知识运用水平的，不仅是你知道些什么，还有你如何将你的所知付诸实践。就像体育界的一句老话那样，"把训练当成比赛，才能把比赛当成训练"。其他有关学习的研究，以及较为成熟的科学与职业培训也得出了这样的结论。不只是喷气机飞行员和医学院学生越来越多地使用模拟设备，警察、拖船驾驶员，以及任何你能想到的需要掌握复合型知识与技能，而且风险性较高的行业也都在这样做。对于从事这些工作的人来说，光靠书本知识是不够的，还需要实际动手操作。

其次，虽说医学院学生积累各种临床经验是很重要的，但过分强调多样性，会导致学生忽视对基础知识的重复检索练习，也就是多数人会得的典型疾病。

"有一些疾病是我们希望学生了如指掌的，"拉尔森说，"所以我们会让学生一遍遍地接触这类标准化患者，直至在评估中表现出真正的精通，说'我在这方面没问题了'。这并不等于要在多样化和重复这两种方法里二选一。我们要确保能做到两者平衡得当，同时也要认清自己有时会掉进'熟悉'这个陷阱，说'我已经看过很多有这种毛病的病人了，不需要再看了'。实际上，重复检索练习对于长期记忆来说是至关重要的，而且它也是培训中至关重要的一个方面。"

再次，是实践经验的重要性。对于医生来说，出诊就是一种有间隔的检索练习，具备内容穿插与多样化的特点，是一种自然的循环。"医学主要是一门基于经验的学问。这就是为什么在最初的两年后，我们要把学生带出教室，让他们进入临床的环境中。一个大问题是，把知识和经历结合起来到底得到了什么？有很多事情是我们经历了，但没有从中学到东西的。这些事情和那些我们学到东西的事情有什么区别？"

　　正如第 2 章中神经外科医生迈克·埃伯索尔德描述的那样，反思其实是一种帮助我们获得经验的练习。有些人更擅长进行反思，因此道格拉斯·拉尔森把考查范围扩大，研究如何把反思作为培训的一部分，帮助学生们培养反思的习惯。他在做这样一种实验，要求学生们撰写日报或周报，总结自己做过什么事情、成效如何，以及下次如何从不同角度入手，从而做得更好。他认为，每天反思就是一种有间隔的检索练习，这应该就是现实环境中医学实践的重要一环，和学校用小测验和大考培养能力是一个意思。

　　那些被压缩到数天的授课，或者一般的在职培训会议效果如何呢？拉尔森估计，他学校里的实习医师会把 10% 的时间用在参会、听讲座上。这些会议可能是关于代谢疾病、不同传染病或是不同药物的。讲演者打开幻灯片依次讲述。这种活动通常还配有午餐，医生们的参会日程就是吃饭、听课，然后离场。

　　"考虑到严重的遗忘情况，在一种被学习方法研究证明无效的活动上投入如此多的资源，我觉得是非常糟糕的一件事，而它恰恰又是人们目前正在进行的活动。医学院的学生与住院医师前去参会，无论会上讲了什么，他们都没法重新接触。如果他们以后能遇到一名患者，病情与会议上讲到的问题相关，那完全是一种巧合。大多数情况是，他们不研究资料，肯定也不会拿资料上的内容测验，他们只是听听，然后就离开了会场。"

拉尔森希望这些参会的学生最起码能做一些事情，试着中断遗忘过程。例如在会议结束时做一个小测验，之后再安排有间隔的检索练习。"把小测验作为这种培训的标准安排。只要每周发一封邮件，里面有 10 道考查的题目，就足够了。"

拉尔森问道："我们要如何设计教育与培训体系，避免或者至少是干预持续的遗忘呢？要如何设计教育与培训体系，确保它们系统化地出现在求学过程中，支持我们完成学业呢？就目前来说，住院医师的课程完全是被动的，你必须去上课，必须去参加这些会议，而且没有进一步深入的内容。人们举办这些大型会议，所有教职员工都要参加，还要演讲。到最后，我们从中真正学到的东西非常少。"[10]

关于练习的几条普适性原则

想从大学橄榄球赛里寻找一种学习模型可能并不合适。不过，在与文斯·杜利教练聊过佐治亚大学球队的训练安排后，我们发现了一个有趣的例子。

杜利是这个领域的权威。他在 1964—1988 年曾担任斗牛犬队①的主教练，执教记录是 201 场胜、77 场败和 10 场平局，赢得过 6 次分区冠军与 1 次全美冠军。之后他担任了这所大学的体育指导，打造出了美国最出色的一门体育课程。

我们询问杜利教练，运动员们要如何从起步到精通，慢慢地掌握这项复杂的运动。他的执教理念与培训理论是围绕每周一次的周六比赛建立起来的。在这段短短的时间里，球员要学习很多东西：在课堂上学习对手的比赛风格，讨论对抗的进攻与防御策略，把讨论内容付诸实践，把策略拆解成个人跑位并进行实验，把这些单独的内容结合成整体，然后不断重复，直到整个环节运行得像时钟一样分秒不差。

在练习的同时，球员还要保证扎实的基本功：阻挡、擒抱、接球、传球、带球。杜利相信：（1）你需要不停地练基本功，不能停，这样才能保持状态，不然就会生疏。（2）但是你需要在训练中有所变化，因为重复太多次会让人感到厌烦。位置教练与每个运动员合作，探讨具体的技能，然后在团队训练中告诉他们要如何跑位。

除此之外，还要训练如何打比赛。每位球员都要熟悉比赛战术，还要有特殊的策略。通常来说，正是这些特殊策略决定了比赛的胜败。按照杜利的说法，特殊策略是典型的有间隔学习：这些练习只在周四进行，所以每次都有一周的间隔时间，而且这些训练的内容是按不同顺序进行的。

---

① 斗牛犬队是美国佐治亚大学橄榄球队名称。——编者注

从上述环节自然可以看出，这支球队取得成功的一个重要方面就在于，它有一套非常具体的每日训练安排与每周训练安排，其中穿插着个人练习与团队练习的元素。每天的训练都是以锻炼基本素质开始的，接下来，球员会分成小组练习，训练与若干位置相关的跑位。这些零散的内容会被逐渐地整合在一起，球员也就组成了球队。演练的节奏会加快，也会减慢，从而保证球员身心得到充分锻炼。等到周三，队伍会真刀真枪地打一场模拟赛。

"模拟比赛的节奏很快，你的反应也会加快，"杜利说，"但是到真正比赛的时候，又要把节奏放慢。慢下来之后，你进行的是一场没有身体接触的演练。每次演练在开始时基本都一样，但对手做出的反应会改变演练的内容。你要能够调整适应。你跑起来的时候会说，'要是他们的反应像这样或那样，我就要这样或那样应对'。你要练习调整。只要在不同的环境中训练的次数够多，那么到真正的赛场上，无论发生什么，你都能做好。"[11]

球员要如何熟悉战术呢？他要把战术带回家，在头脑中复习演练。他可能需要从头到尾演练一遍。杜利说，训练不能全是耗费体力的内容，否则很快会把人累垮。"所以说，如果演练时要求你往这边迈步，再往相反方向跑动，你完全可以在头脑中回顾一下，只用倾一下身子表示自己向那个方向跑了就可以。另外，如果有情况发生，你必须做出调整，你可以在心里这样做。通过阅读战术，在心里演练，走上一两步，过一遍，就模拟了将要发生的情况。这种演练是对你在课堂与赛场上所学的补充。"

周六上午四分卫会开最后几次会，复习比赛战术，从头到尾在心里过一遍。进攻教练可以就假想的比赛制订各种方案，但演练一开始，执行的结果就完全仰仗四分卫球员了。

这就是杜利教练球队的全部诀窍：检索、有间隔、有穿插的练习、多样化练习、反思，以及细化。对那些老到的四分卫来说——周六将要踏上赛场的他们在心里做了预演，做好了根据情况调整自己做出应对的准备——他们做的事情就和经验丰富的神经外科医生一样，后者是对手术室中发生的情况进行演练。

认知天性

小 结

快速梳理一遍我们今天学到的东西——关于集中练习和其他的学习方法。科学家们会继续加深我们对这些方法的理解。

人们顽固地相信,自己把心思放在一件事上,拼命重复就能学得更好,认为这些观点经受住了时间的考验,而且"练习,练习,再练习"的明显收效再次证明了这种方法的好处。但是,科学家们把习得技能阶段的这种成绩称为"暂时的优势",并把它同"潜在的习惯优势"区分开来。形成习惯优势有种种技巧,例如有间隔的练习、有穿插内容的练习,以及多样化练习,这些技巧恰恰会放缓有明显成果的学习进程,它们不会在练习中提高我们的表现。我们从表面上看不到成绩提高,也就没有付出努力的动力。[12]

填鸭式练习是集中练习的一种形式,它一直被比作贪食症——吃得不少,但没过多久基本上都吐出来了。把学习与练习间隔开来分期进行,让两者之隔上一定时间,这样做就能让学习成果更加显著、记忆更加牢固,能有效地形成习惯优势。

间隔多长时间才够?答案很简单:只要练习不是无意义的重复就可以。从最低限度上说,间隔的时间足够出现一点儿遗忘就对了。练习环节中间出现一点儿遗忘是好事,只要它能让人更加努力地练习就行。话说回来,你肯定不愿意忘掉太多东西,以至于检索最终变成了对资料的重新学习。间隔一段时间再练习能巩固记忆。睡眠似乎在巩固记忆的工作中扮演了重要角色，所以在两次练习间至少间隔一天应该是不错的做法。

抽认卡这种简单的工具就是间隔练习的好例子。在重新看到一张卡片前，你会浏览很多其他的卡片。德国科学家塞巴斯蒂安·莱特纳用抽认卡发展出了自己的间隔练习体系，也就是"莱特纳盒子"。你可以把它想象成四个文件盒。第一个里面是你经常弄错的学习资料（可以是乐谱、冰球打法或是西班牙语单词抽认卡），必须对这些内容频繁练习。第二个装着你擅长的学习内容的卡片，对于这个盒子里的东西练习得就不如第一个里的频繁，或许频率只有第一个的一半。第三个盒子里的卡片比第二个里的练习频率还低，以此类推。如果你错过一个问题，弄混了音阶，或者搞砸了冰球互传，你就要把它往前挪一个盒子，以便更频繁地练习。这背后的含义就是，掌握得越好的东西，就越不用经常练习。只要这个知识很重要，需要记忆，它就永远不会从你的练习盒子里彻底消失。

要当心熟悉这个陷阱：你感觉自己明白了某样东西，觉得不再需要练习了。如果想走捷径，这种熟悉会让你在自测时受伤。道格拉斯·拉尔森说："你必须自觉地说，'好吧，我要强迫自己把这些全想起来，要是我想不起来，那我是忘掉了什么，我怎么会不知道那个呢？'如果是教师出题测验，那就一下子变成你必须要做的事了，这里包含着一种期望，你不能作弊，不能走捷径，你就是得做。"

安德鲁·索贝尔给自己的 26 堂政治经济学课安排了 9 次

小测验，这也是一种有间隔的检索练习，同时也是穿插内容练习——因为他每次后续测验的问题都会涉及学期开始时的课程内容。

穿插练习两样或更多的内容同样也提供了一种间隔。穿插内容练习有助于发展人们辨识不同问题的能力，也是在培养人们从不断增加的解决方案中寻找合适工具的能力。

进行穿插内容练习，不能是完成一个科目的全部练习再跳到下一个科目。你需要在每个科目的练习完成前就跳到下一个科目。我们的一个朋友这样描述自己的经历，"我去上了一堂冰球课，学习滑冰、控球、射门。滑冰练习还没进行多长时间，自己刚刚有点儿上手的感觉，教练就转到控球练习上了，这让我感到非常沮丧。灰心地到家后，我说，'为什么教练不让我们一次把技能练好呢？'"其实他是遇上了少有的好教练。这位教练懂得分散精力练习不同技能要比下力气一次掌握一件事更有效果。球员感到沮丧是因为并没有在短时间内看到成果，但到下一周，无论是滑冰、控球，还是其他内容，他都会获得全面进步，效果会好于每次只专心练习一项技能。

与穿插内容练习一样，多样化练习有助于学习者树立更开阔的心理模式。这是一种能力，掌握它的人可以评估不断变化的条件，并调整应对方式进行适应。可以说，穿插内容练习与多样化练习有助于学习者超越暂时性记忆，步入更高层次的概念性学习，并把它们应用到实际情景中，从而获得更全面、更深刻、更持久的学习效果。这些学习成果在运动技能中就表现为潜在的习惯优势。

3
"后刻意练习"时代的到来

很容易与多样化练习混淆的是研究人员口中的"段落练习"。段落练习就像老式的黑胶唱片，只能按照一个顺序播放歌曲。体育界常常能看到段落练习（其他领域也有），它的做法在于一遍遍地重复。冰球球员从一个位置到另一个位置，在每个位置做不同的动作。洛杉矶国王队在没接触新方法前，就用这套办法训练互传。这就好比是总按照同一顺序做抽认卡练习——你需要打乱抽认卡的顺序才有效。如果总按照同样的方式练习一种技能——站在冰球赛场或橄榄球场的同一个位置，总解类型相同的数学题，或是按照同样的步骤进行飞行模拟——那么你的学习效果就会因为缺乏多样性而大打折扣。

有间隔、有内容穿插出现，以及内容多样化，其实就是我们生活的本来面貌。每次出诊或是每次打橄榄球比赛，都是一次测验，也是一次检索练习的锻炼。每次常规的拦车检查对于警察来说都是一次测验，而且每次检查都不一样，这会加强警察的外显记忆与内隐记忆。只要他上心，今后的工作就会更有效率。人们常说的一句话是"从经验中学习"。有些人似乎从来不学习，学与不学的一个区别可能就在于，人们是否培养了反思的习惯。反思是检索练习的一种形式（发生了什么？我是怎么做的？怎样才能有用？），而且辅以细化加强（下次我要采取别的什么方法？）。

正如拉尔森医生提醒我们的那样，大脑神经元之间的连接是极具可塑性的。"让大脑工作，实际上就是给它引入更多复杂的网络，然后反复运用这些神经回路，从而使头脑更加灵活。这大概才是最重要的。"

4

知识的"滚雪球"效应

美国海军陆战队中尉米娅·布伦戴特23岁时被派驻到琉球负责后勤工作。按照要求,她必须通过伞降测验。两年后,她在描述当时的伞降经历时说:"我讨厌往下坠的感觉,那种整个心提到嗓子眼的感觉。我是真不想从飞机上跳下来。我上中学的时候才敢玩水滑梯。但我要指挥一排人,整整一排身披降落伞跳出飞机的海军陆战队队员,还要负责空降装备。后勤军官是人人都想干的职务,非常难得。你猜我的上级军官怎么说,'你将担任空投排的指挥官。如果不想干,我就把你调到别的地方,让别人来干这份活儿'。我肯定不能让别人抢走这份肥差。于是我直视着他说,'遵命,长官,我会从飞机上跳下去'。"[1]

米娅身高约1.7米,是典型的金发美女,也很有主意。她的父亲弗兰克也曾在海军陆战队服役,他对自己的女儿非常满意。"在学校的时候,多数男生的引体向上做得都不如她。她是马里兰州卧推举重纪录的保持者,在全美大学生运动会上获得了举重项目的第六名。她说话很和气,你根本看不出来她的能耐。"我

4
知识的"滚雪球"效应

们问米娅,她父亲是不是在说大话。她笑了起来:"他是喜欢夸张。"不过在我们的一再逼问下,她承认这些都是事实。虽然海军陆战队在前一阵要求女兵用屈臂悬垂代替引体向上(下巴要高过单杠),但军队在2014年出台了更严格的新规,要求女兵最少能做3个引体向上,和男兵的最低要求一样。要达到优秀,则是女兵做8个,男兵做20个。米娅能做13个,而且正在朝着20个努力。在海军学院上学的时候,她连续两年获得了参加全国举重比赛的资格——卧推举重、挺举和抓举三项都参加了——并创下了马里兰州的纪录。

这样看来,她的确是一个强悍的女人。厌恶下坠是一种源于自我保护的本能反应,但她肯定会接受这项挑战。坚韧正是海军陆战队队员与布伦戴特一家的特点。米娅有三个兄弟姐妹,全部都在海军陆战队中服现役。

当米娅第三次从1 250英尺的高度跳出C130型运输机时,她正好掉在另一名士兵张开的降落伞上。我们等会儿再来讲这个故事。

我们对米娅在跳伞学校的培训经历很感兴趣,因为这是一个绝佳的例子,可以说明为什么那些激发人们付出更多努力、延缓学习过程的困难——有间隔的、安排穿插内容的、混合式的练习,以及其他学习方式——会有种种不便,却也能换来更牢固、更准确、更持久的学习效果。心理学家比约克夫妇创造了一个词,来描述那些能换来更牢固学习成果的短期麻烦,即"合意困难"[①]。[2]

[①] 合意困难指在学习时故意给自己制造的麻烦。它造成了短期学习难度提高,但从长期看能提升学习效果。——编者注

认知天性

美国陆军在佐治亚州本宁堡建立跳伞学校，目的是确保士兵掌握正确的跳伞技能，并完成跳伞任务，这也是利用合意困难开展培训的一个典型。学员不允许带笔记本，也不允许做笔记。你只需要倾听、观察，在心里演练及执行。在跳伞学校这个地方，测验是主要的授课工具，而且测验时刻都在进行。此外，和军队里的规矩一样，跳伞学校也有一套严格的规定，简单说就是：干不好就离开。

滚翻式跳伞着陆，军事术语简称为"PLF"，是一种兼顾翻滚与触地的技巧。用这种方式触地，可以将落地时的冲击力分散到前脚掌、小腿、大腿、臀部，以及背部一侧。你可以朝6个方向翻滚①，具体选择哪个方向取决于你飘落的方位、地形、风向，以及你在触地时是否摆动等瞬时条件。头一次接触跳伞这项重要技能时，教官会让你站在一个沙坑里，有人在里面给你解释并演示PLF动作。然后轮到你尝试：你要练习从不同的方向触地，得到纠正性反馈，然后继续练习。

在这之后的一周里，难度会逐渐加大。你要从离地两英尺高的平台上往下跳。在"准备"口令发出时，你要抬起脚跟，绷紧脚面和膝盖，手臂上伸。在"跳"口令发出时，你就要跳下去，完成滚翻式跳伞着陆动作。

测验更为困难。你要攀到离地数英尺高的滑索上，抓住头顶

---

① 即左前、左侧、左后、右前、右侧及右后6个方向。——译者注

4
知识的"滚雪球"效应

的T形把手,滑到降落地点,在那里听从口令,松手落地完成翻滚。从各个方向触地,你都得练习。练习内容是混在一起的。

难度还会加大。你要爬上一处离地12英尺高的平台,在那里练习穿戴背带,和战友互相检查装备,而且要从一扇模型机舱门中跳出来。和真正的降落伞一样,背带上也有一组提带,虽然只是勾在滑索上,但可以提供同样弧长的悬空距离。当你跳出来时,会有片刻自由落体的感觉,然后便是沿着滑索悬空下滑,伴随着大幅度摆动,与真实跳伞的移动很相似。不过到下面的时候,是教官而不是你本人拉开滑索,让你从两三英尺的高度落地,这样你就可以随机练习触地翻滚了,涉及各个方位,实现逼真的模拟。

接下来你要爬上34英尺高的跳伞塔,练习跳伞中的所有环节:练习从飞机上跳出来的所有动作安排,体会从高空滑降是什么感觉,如何处理设备失灵的问题,如何携带沉重的作战装备伞降。

演示与模拟的难度逐渐增加,你慢慢熟悉了必须掌握的动作,一点点地取得进步。你学习了如何以一名伞兵的身份登机,加入由30人组成的队伍,在空投区上空进行大规模伞降;学习了如何正确跳出舱门,如何在心中默数,然后感受伞衣打开时的感觉,或者可以多默数一下,拉开备用伞;学习了如何处理伞绳打结,避免碰撞,在风中保持平稳,理顺乱糟糟的控制索;学习了如何给他人留下需要的气流,懂得如何在有树林、水面及电线的地点随机应变地降落;明白了白天跳伞与夜晚跳伞的注意事项,以及如何在不同的风向和天气里跳伞。

认知天性

需要掌握的知识与技能有很多。当你在准备区、飞机模型、跳伞平台，以及滑索旁等待起跳时，进行的练习必然是有间隔且有内容穿插的。这些练习会涉及所有你需要掌握的东西，并且把不同的环节整合在一起。最后，如果能坚持三周没被淘汰，你就要进行实地跳伞，从军用飞机上往外跳 5 次。在顺利完成培训、成功跳伞 5 次后，你就可以拿到自己的伞兵徽章和空降资格了。

米娅在第三跳的时候排在队列的第一个，身后是 14 名伞兵，另一侧舱门旁边也有 15 个人在列队等候。"我作为排头，要做的是把静态线①交给空降军士长负责，盯好眼前的红绿提示灯，先是一分钟的预警时间，然后是 30 秒的预警。我在舱门旁站了几分钟，外面的景色实在是太美了，应该是我见过的最美的画面，但我确实被吓坏了。看着眼前的天空，我脑子里一片空白，只能等着'跳！'的口令发出。另一侧舱门的第一个人跳下去了，我跟着也跳了，我开始数数，就在我数到第 4 个数的时候，突然发现自己撞在了绿色的伞衣上，被裹了起来！我想这肯定不是我的降落伞！我已经感觉到自己的伞打开了，感觉到了张伞时的冲力。我意识到自己跳到了前边一个人的上面，于是便挥动手臂'游'出了他的降落伞，同时操控自己的伞躲开这个人。"

按理说，伞兵是交替着从飞机上跳出来的，但在最初混乱的 4 秒里，你无法意识到自己与其他伞兵的距离，也没法控制，只

---

① 空降兵伞降多采取这种方式，即有一条线连接飞机与伞兵，当伞兵跳出机舱时，由这条线直接拉开伞包。这种方式也被称为"固定拉绳式跳伞"。——译者注

能等着伞衣张开。由于受过培训，她的这次意外没有造成什么严重的后果，但还是很吓人。她有没有害怕呢？米娅说一点儿也没有。她对此有所准备，而且自信让她冷静下来，能够"游出来"。

对自己的知识感到自信是一回事，把对知识的熟练掌握表现出来则是另一回事。测验不仅是一种强大的学习方法，还能实际检测出你对自己水平的判断是否准确。只有当你反复取得成绩，并通过了模拟真实条件的测验时，你的信心才是可靠的。站在机舱门口或许总会唤醒人的恐惧感，但在跳出去的那一瞬间，按照米娅的说法，那种恐惧便消失不见了。

学习的三个关键步骤

为了让你理解究竟何种程度的困难才是合意困难，我们来简单介绍一下学习是如何发生的。

编码

假设你是米娅，站在沙坑里看教官解释并演示伞降着地技巧。这时候大脑会把你感知到的东西转化成化学与生物电形式的变化，这些变化就形成了一种心理表征。大脑是如何把感官感知到的东西转化为有意义的心理表征的，就目前来说，人类还不能完全理解这一过程。我们把这个过程叫作编码，同时把大脑中的这种新表征称为记忆痕迹，它就好比我们摘记的笔记或便签上的几句话，是短期记忆。

在日常生活中，这种短期的、不规则的记忆会指导我们处理很多事情。例如今天健身换衣服的时候，如何修好储物柜上损坏的插销，上完健身课之后记得在半路给车换机油。这类记忆都不会存在太久，这是一件好事。但必须要牢记那些将来有用的经验与知识，而且要记很长时间。就拿米娅来说，她需要记住那些特定的跳伞步骤，不然落地的时候就会扭断脚踝，甚至丢掉性命。[3]

巩固

把这类心理表征强化为长期记忆的过程，被人们称为巩固。新学到的东西并不稳固：其含义并未完全形成，因此会被轻易改变。在巩固过程中，大脑会识别并稳定记忆痕迹，这可能会需要数小时或更长的时间，而且涉及对新资料的深层次处理。科学家认为，在这一过程中，大脑会重放或重新演练学到的东西，赋予其含义，填补空白，并把新知识和过去的经验联系起来，和已经存储在长期记忆中的其他知识关联起来。理解新知识的前提就是具备已知。另外，巩固也非常讲究搭建新旧知识间的关联。米娅拥有丰富的运动技巧、不错的身体素质，以及先前的经验。这些知识都可以和一次成功的伞降着陆所需要的元素联系起来。不管用什么方式，把学到的东西转化成长期记忆巩固起来，都是需要时间的。就像我们之前指出的那样，睡眠似乎有助于巩固记忆。

大脑巩固新知识的方式和写文章的过程非常相似。我们写文章的时候，初稿会非常干瘪、不严密。你在下笔的时候才明白自

4
知识的"滚雪球"效应

己想表达什么。几次修改过后，文章有了些起色，无关的观点也被删除了。先不管这篇半成品，让它发酵一下。等你一两天后重新拿起这篇文章的时候，你想表达的东西在头脑中更明确了。或许你现在能意识到，自己要表明三个主要观点。你把这些观点和读者熟悉的案例以及辅助信息联系了起来。你重新安排并整理了论点，让它更具说服力，也更精炼。

同理，人们在学习某样东西的时候，一开始往往会感到无从下手，因为最重要的方面并不是最明显的。巩固有助于组织并强化学问。同样的道理，在一段时间后进行检索很明显也有同样的效果，因为从长期记忆中检索一段内容的做法，既可以强化记忆痕迹，又可以让这些东西变得可以修改。具体来说，就是让它们能和最近学到的东西关联起来。这一过程被称为再巩固，是检索练习修正并强化学习的方式。

假设入学第二天，教官就安排你做滚翻式跳伞着陆，而你又想不起正确的姿势，调整不好自己：没有并拢双脚与膝盖，没有稍稍屈膝，没有盯着地平线，而是反射式地想要伸手撑地，没有把肘关节紧紧贴在体侧。那么在真正的跳伞中，你就有可能摔断胳膊，或是肩膀脱臼。重新梳理你前一天学过的东西，付出的努力或许没有明显效果，但只要这样做了，跳伞过程中的关键动作就会更明晰，而且会被再巩固成更扎实的记忆。如果你接连不断地一遍遍练习，无论是滚翻式跳伞着陆，还是外语单词的词形变化，你都是在短期记忆的基础上学习，并不会花费太多脑力。你进步得相当迅速，但你所做的一切并不能强化这些技能的重要表征。你那些暂时的成绩并不代表所学的东西可以保持长久。反过来看，如果让记忆稍微淡忘一些，例如用间隔或穿插内容的方式进行练习，检索就会更耗精力，你的表现会差一些，你会感到不太满意，但你学到的东西会更扎实，以后也更容易检索。[4]

检索

学习、记忆，以及遗忘会以有趣的方式共同作用。想让学习成果牢固可靠，我们要做两件事情。首先，在把短期记忆重新编码并巩固成长期记忆的时候，我们必须把这项工作做扎实。其次，我们必须把这些资料与不同种类的线索联系起来，以便我们今后回忆这些知识时能够游刃有余。掌握有效的检索线索是学习的一个方面，而这个方面经常被人们忽视。这项任务不仅仅是把知识转化为记忆——能够在需要的时候检索知识，和学习本身一样重要。

即便有人教我们打绳结，我们还是记不住方法，那是因为我们没有练习，也没把学到的东西应用在实际生活中。假设某天在城市公园里，你碰见了一名鹰级童子军（美国童子军年龄最高的一级组织）在教打绳结。你一时兴起学了一个小时。他演示了8种或10种绳结样式，解释了每种样式的用途，让你进行练习，临走还送你一条小绳和一本小册子。你回家后下定决心要练习这些绳结的打法，但是生活太紧张，没有练习的机会。绳结手法很快被忘掉了，整个事情也就告一段落，什么也没学到。说来也巧，第二年春天，你买了一艘小船，想钓鱼。你想把锚系在缆索上，但是手拿绳子不知所措，只记得要把绳子末端绕一个圈。这时你其实就在练习检索了。你把童子军小册子找出来重新学习如何打单套结。你用绳子绕一个小圈，然后将短的那一头从圈里穿过，嘴里默念着口诀："兔子钻出洞，绕树走一圈，然后再回来。"再次检索后，你开始上手，而且绳结也打好了，就和你心里想的童子军的作品一样。之后，你在椅子旁边放了一根绳子，在电视播广告的时候练习打单套结。这就是在进行有间隔的练习。在之后几周里，你吃惊地发现，只要有一根打好结的绳子，很多小事情做起来都会非常轻松，这也是在进一步进行有间隔的练习。到8月，你已经彻底了解了单套结在生活中的所有用途。

只要有亲身体会，再加上时不时的练习，重要的知识、技能与经验就不会被遗忘。假设你知道自己马上就要跳伞，那么当别人讲授跳伞技巧时，例如拉备用伞开伞索的方法与时机，或者在1 200英尺的高度可能会出什么问题，撞在别人的伞上该如何"游出来"，你就会认真听下去。当你累得躺在床铺上睡不着觉，不想再过第二天的时候，你可以在心里默默演练。这也是一种有间隔的练习，而且同样有帮助。

欲求新知，先忘旧事

只要能把所学和已知联系起来，我们就能学无穷多的知识。事实上，由于新学问是以旧学问为基础的，我们所学越多，新旧知识之间的联系也就越多。不过，我们的检索能力是相当有限的。我们记忆中的大部分知识，都不是招之即来的。检索能力的这种局限实际上是有好处的：如果所有记忆都能信手拈来，那么要想一下子找到需要的知识，你就得非常痛苦地花时间整理海量的资料。例如，帽子在哪儿，怎么同步电子设备上的资料，怎么调白兰地鸡尾酒这样的琐事。

只要记忆深刻，知识是可以留存很长时间的。你能把一个概念理解得非常通透，说明它在你的生活中有实际用途，或是它有重要的情感价值，而且它和你记忆中的其他知识建立了关联。你的知识在头脑中准备得是否充分，是否能为你所用，取决于环境，取决于近来是否用过，取决于关联这些知识的线索是否够多、是否形象，以及你是否能利用这些线索及时将知识调取出来。[5]

这里有一点很微妙。在日常生活中，你经常需要忘记一些矛盾的、与旧记忆相关的记忆线索，这样才能把记忆线索和新知识联系起来。人到中年想学意大利语，你可能需要先忘记高中时学的法语，因为即便你拼命努力，每次想说意大利语"即将成为"（essere）这个词的时候，脑子里跳出来的总是法语的"即将成为"（etre）。在英格兰旅行时，你就必须压制住在道路右侧驾驶的欲望，不让这条记忆线索活动，这样才能建立起可靠的线索，在路的左边开车。拿流畅地讲法语或是多年靠右行驶来说，即便有一段时间不用，或是检索线索因为有了新东西而中断，以后捡起这些根深蒂固的知识也非常容易。被忘掉的不是知识本身，而是能让你找到并检索这些知识的线索。为新知识建立起来的线索（靠左行驶）会取代旧知识的线索（靠右行驶，前提是你还没有因为靠右行驶丢掉性命）。

4
知识的"滚雪球"效应

学习新知识有时候就是要忘掉一些东西,这一点很难理解,但又非常重要。(6) 当从个人电脑切换到苹果 Mac 电脑时,或是从微软 Windows 平台切换到其他平台时,为了学习新系统的架构,你必须忘掉很多东西,这样才能轻松地进行操作,把心思用在如何工作而不是研究电脑上。跳伞学校的培训也是一个例子。从军队退役后,不少伞兵想当一名跳伞消防员。和军队相比,跳伞消防员搭乘的飞机不同、设备不同,跳伞规则也不一样。在军队接受过跳伞培训其实是跳伞消防员的一大劣势,因为你必须得忘掉已经成为条件反射的跳伞程序,用新知识替换旧知识。虽然在外行人眼中,这两项工作都是背着降落伞从飞机上跳下来,没有什么区别。但是,只要是想学习新知识,你就必须忘记与复杂旧知识相关联的线索。

我们从生活中也能发现重新安排记忆线索的问题,从小事上就能看出来。在朋友杰克刚和琼交往的时候,我们有时会把这一对儿叫成"杰克和吉尔"[①],因为"杰克和"这个句式勾起了我们对那首老儿歌的深深记忆。等到我们习惯了叫"杰克和琼"的时候,琼和杰克分手了,杰克又与珍妮交往了。天啊!当我们想称呼"杰克和珍妮"时,嘴里多半会冒出"杰克和琼"。要是与杰克交往的是凯蒂,事情就容易多了,那样杰克名字最后的那个"K"正好可以让我们切换到凯蒂名字开头的那个"K",只可惜没有凯蒂这个人。押头韵可以是不错的线索,但也可以是糟糕的

---

① 英文童谣名。——译者注

线索。想忘掉吉尔、琼或是珍妮这些名字是不可能的，但你可以给记忆线索"重新安排用途"，这样就能赶上杰克换女朋友的速度了。[7]

在学新东西的时候，日常生活中已经根深蒂固的大部分事物不会从长期记忆中消失，这是非常重要的一点——你停止使用记忆线索，或是给它们安排新用途，只是为了不用轻易回忆起它们。举例来说，如果你搬过几次家，可能就记不起来20年前的住址了。但如果是答一道关于这个地址的选择题，你应该可以轻松选出答案。原因是：还像以前一样，这个地址就收在你意识的"柜子"里，只不过没有打理罢了。如果你试过全情投入地撰写自己的往事，把早年接触的人和地方描绘出来。你可能会吃惊地发现，记忆像潮水一样涌现，被遗忘很久的事情现在都想起来了。背景可以激发记忆，想打开一把旧锁，就需要正确的钥匙。在马塞尔·普鲁斯特的作品《追忆似水年华》中，叙述者慨叹自己记不起来青春年少时在法国乡村里与叔叔、婶婶度过的日子。直到有一天，一块蘸了酸柠檬花茶的蛋糕的味道，让过去的时光一一映入脑海。他原以为随时光流逝而忘却的人与事全都浮现了出来。大多数人都有与普鲁斯特类似的经历：所见所闻可以唤醒很多回忆，哪怕是许久不曾想起的陈年旧事。[8]

越容易想起，越不容易记住

检索练习是强化所学的一种方法。心理学家发现，这种方法的难

4
知识的"滚雪球"效应

易程度和它的效果间存在着一种奇怪的反比关系。知识或技能越容易被检索，就越不容易被记住。相反，你在检索知识或技能上花费的努力越多，检索练习就越能深化这种记忆。

不久前，加利福尼亚州立理工大学棒球队在圣路易斯－奥比斯波参与了一次有趣的实验，旨在提高队伍的击打技能。这些队员的经验全都相当丰富，击打的成功率很高。不过他们还是同意每周多进行两次击打练习，但要分两队按不同的内容训练，看看哪种形式的效果更好。

挥棒击球应该算是最难的运动技能之一了。棒球从被投出到抵达本垒只有不到半秒。在电光火石之间，击球手必须完成一套复杂的技能组合，涉及感知技能、认知技能，以及运动技能。他要判断投球的类型，预测棒球的运动线路，瞄准棒球并掐好挥棒的时间，这样才能在准确的时间点用球棒上的合适位置击中棒球。这一套感知与反应的连锁动作，必须要深深地刻在击球手的记忆中，好成为一种自然而然的套路。如果你还要花时间思考用什么方式击打棒球，那它早就落在接球手的手套里了。

队伍中的部分成员按标准方式训练，练习 45 下击球。这 45 下击球被平均分成 3 组，每组练习 15 次同一种类型的投球。举例来说，就是第一组打 15 下快速球，第二组打 15 下弧线球，第三组打 15 下变速球——是一种集中练习。击球手遇见的多是同一种类型的球，他可以舒服地预测球路、判断挥棒与击球的时机。这种学习看上去很轻松。

其他队员则参与难度更大的训练。在全部45次投球中，这三种球路会随机分散出现。对于击球手来说，他不知道这一投到底是什么球路。在完成45下击打时，他还是不能很好地击球。和前一组队员相比，这些球员似乎并没有那么熟练。这种有间隔的、穿插不同投球球路的练习，让学习过程更加费力，学习成果来得也更为缓慢。

每周两次的额外练习持续了六周。到最后评估球员击打水平的时候，人们发现两组球员从额外练习中的收效有明显的区别，而且与球员预想的结果并不一样。相比反复练习击打同一种球的球员，那些练习随机穿插球路的球员击球表现明显更好。考虑到这些人在进行额外练习前就已经是经验老到的击球手，那么这些测验结果就更有意思了。球员的表现被提升到更高的层次，这绝佳地证明了后一种培训方案的有效性。

通过这项测验，我们再次总结出两条熟悉的经验。首先，让练习增加一些难度，让人们做更多的努力，启用有间隔的、穿插安排的、多样化的练习，让表面上的成果来得慢一些。虽然这样做在当时会让人觉得收效不明显，但在之后却可以让学习成果更牢固、更准确，而且更持久。其次，我们在判断什么学习方法最适合自己的时候，通常会做出错误的决定，会受到自以为精通的错觉的影响。

当加利福尼亚州立理工大学棒球队球员在15下击打练习中不停地练习弧线球时，他们更容易记住为了应对这种球路，自己需要感知什么，以及需要怎样反应，例如棒球旋转的样子、棒球如何改变方位、方位改变的速度有多快，以及要等多长时间才能看到弧线出现。他们的表现是有进步，但回想这些感知与反应的过程也变得越来越轻松，这就导致了学习成果没有持久性。在你知道对手会投弧线球时，击打弧线球需要的是一种技能；在你不知道对手会投什么样的球时，击打弧线球就需要另一种技能了。棒球运动员需要培养出后一种技能，但他们练习的往往是前一种。而前一种练习是集中练习，只能在短期记忆上取得进步。对于加利福尼亚州立理工大学棒球队的球员来说，当训练是随机投球时，检索必要的技能就变得更具挑战性。应对这种挑战会让技术进步来得更慢，但效果会更持久。

这种矛盾便是学习中"合意困难"概念的核心。检索（或者说，实际上是重新学习）某件事物所耗费的努力越多，你学得就越扎实。换言之，关于一件事情你忘记的越多，重新学习就更为有效，能更好地形成永久性的知识。[9]

学习中必须要做哪些"努力"

重新巩固记忆

以间隔练习中的努力回忆为例，这种做法需要你用新的方式"重新下载"或重新构建长期记忆中的技能或资料的组成元素，而不是漫无目的地在短期记忆中重复它们。[10]在这种专注的、花费力气的回忆过程中，学到的东西会重新变得具有可塑性：知识中最显著的特点会变得更清晰，而且随之进行的再巩固有助于加强你对其含义的理解，强化其与已知的联系，深化用于回忆这些学问的心理线索和检索路径，并弱化那些相抵触的检索路径。间隔练习允许在两次练习间出现遗忘，这种遗忘可以强化你学到的知识，同时也能强化快速检索需要用到的记忆线索与路径，从而把这些知识再次运用起来。这就和投手在投出几次快速球后，想用弧线球给击球手来个出其不意是一个道理。唤起一段回忆或是运用一项技能，所花费的努力越多，就越有助于学习——只要这些努力确实发挥了作用。[11]

集中练习之所以会为我们铺设自以为精通的温床，是因为我们总是走马观花般地看待短期记忆中的信息，而没有在长期记忆中重构所学。就像反复阅读这种学习方法一样，通过集中练习达到的流利效果是短暂的，而我们所谓的精通感也是一种幻觉。真正能让我们重新巩固并深入学习知识的，其实是"重构"这个费力的过程。

打造心智模型

下足了功夫练习，就会使彼此相关的复杂理论或是连续的运动技能融合为一个有意义的整体。这就是心智模型，我们可以把它看作大脑里的一款"应用程序"。开车这项技能就需要同时进行很多动作。在学习这些动作的过程中，我们既要全神贯注，又要灵活机动。假以时日，相关的认知技能与运动技能就会变成一套与驾车相关的心智模型，在我们的头脑中落地生根。例如侧方位停车和换挡需要观察什么，如何操作。心智模

4
知识的"滚雪球"效应

型就是被牢牢记住并熟练应用的技能（能够发现并处理弧线球）或知识结构（被记得滚瓜烂熟的象棋棋路）。和习惯一样，心智模型可以被调整，可以在复杂多变的环境中发挥作用。专业的表现，源自在不同环境下、在专长领域进行的数千小时的练习。通过这些练习，你可以积累大量类似的心智模型，从而保证自己在特定环境下做出正确分析，立刻挑选出正确的应对方案并加以执行。

举一反三

在不同时机、不同环境下多次进行检索练习，其间穿插不同的学习资料，这样做有助于给这些资料建立新的联系。这个过程建立了彼此关联的知识网络，这种知识网络强化了你对自己专业的精通程度。这个过程还可以增加检索线索的数量，让它们能够充分适应今后各种应用场合。

经验丰富的大厨就建立了这样一种复杂的知识网络。他清楚食材与菜品之间的关系，明白食材在被加热时会发生什么变化，知道炖锅与炒锅、铜锅与铁锅在做菜时有什么区别。飞钓者能够觉察鲑鱼的出现，并能准确判断出可能的种类，进而正确地选择是用人造饵、小虫，还是彩带作饵。他能够判断风力，知道如何下饵以及在何处下饵，才能将鲑鱼引出水面。玩小轮自行车的孩子能表演小跳、甩后轮、180度旋转，并在不熟悉街道路况的情况下在墙上跳来跳去。穿插练习与多样化练习会把背景、其他知识及技能与相关的新资料结合起来，让我们的心智模型能被更加广泛地使用,使我们能把学到的东西应用到更多场景中。

构建概念学习

人类是如何学习概念的,例如如何区分猫和狗?方法是随机接触不同的样例——吉娃娃、虎斑猫、大丹狗、纯色猫、三色猫、威尔士梗犬。大多数人在正常情况下都是靠有间隔地、穿插式地接触样例来下定义的。这是一种不错的学习方法,因为这种接触强化了辨析和归纳这两种技能。前者是留意特点的过程(乌龟要露头换气,鱼则不会),后者是推测一般规律(鱼是在水里呼吸的)。想想前文有穿插地研究鸟类与绘画作品的例子。这种做法有助于学习者区分鸟的种类,或是区分不同画家的作品。同时,这也是学着辨析同一种鸟类个体或同一个画家作品的共性。当我们询问学习者对学习方法的偏好时,他们认为应该先研究某一类鸟中的多个个体,再去研究另一类,认为这种方法会带来更好的效果。可是,穿插学习的方法能让人更好地分辨两个种类间的区别,虽然这种方法更为困难,给人感觉收效更慢,但它不会影响对同一种类个体的共性学习。这就和棒球运动员练习击球一样,穿插练习给检索过去的样例带来了难度,但会进一步巩固有关某一类鸟代表性特征的知识。

对于提高学习效果来说,穿插练习还有另一种好处。穿插练习计算相关但不相同的几何体体积时,就需要你关注几何体间的异同,从而选出正确的公式。一般认为,穿插练习提高了对异同的辨析能力，这样就可以把学习资料编码，形成更复杂、更微妙的心理表征，也就是更深刻地理解怎样区分标本或问题种类，以及为什么它们需要不同的解读或答案。例如为什么白斑狗鱼会去咬匙饵或是胖饵，而鲈鱼只有在碰到波扒饵或软虫拟饵时才会露头。(12)

学习迁移

用有间隔、有穿插、多样化的方式进行检索练习会带来困难。克服这种困难需要一套心理活动。等到要学以致用的时候，这种心理活动还会发挥作用。在模拟真实情况中的挑战时，这些学习方法就验证了那句老话"把训练当成比赛，才能把比赛当成训练"，会提高科学家们称为"学习迁移"的能力。所谓学习迁移，是指在新环境下运用所学的一种能力。在棒球队的击球训练实验中，不同类型的投球带来了困难。为了克服这些困难所进行的活动，归纳总结了更多心理过程，可以区分挑战的本质。这就如同建立了一份内容更丰富的"词汇表"（例如投手要投什么球），同时还可以从中选出可能的应对方案，而集中的、无变化的训练经验激发的心理活动会少得多。想想前文提到小学生投沙包练习，和那些只投 3 英尺距离的孩子相比，练习 2 英尺和 4 英尺投掷距离的学生到最后更能适应在 3 英尺的距离上投掷。同样还可以想想跳伞学校里面那些难度和复杂程度逐渐增加的模拟训练，以及马特·布朗在模拟器驾驶室中练习操纵喷气式商用飞机的故事。

做好学习的心理准备

若是在没有答案的情况下自行寻找解决方案,你就能更好地理解答案,也能把它记得更牢。当你买了渔船并打算系缆绳时,你就更有可能学会并记住单套结的打法。相比之下,傻站在公园里,等着童子军告诉你"学会一些绳结的打法对你的生活有益",这样是不容易学会的。

这些"良性干扰"能提升学习效果

我们通常认为干扰不利于学习,但某种类型的干扰可以给学习带来一些好处,而且有时收效会出奇地好。你是愿意看一篇用正常字体排版的文章,还是想看一篇字体模糊的文章?几乎可以肯定,你会选择前者。但事实是,当页面文本稍有模糊,或是字体略微有些难以辨认时,人们能更好地回忆起文章内容。课堂教学大纲是应该紧跟教科书中的某章内容分毫不差,还是课程最好与书本有一些区别?事实证明,当教学大纲的编排顺序不同于课本内容时,学生就要下功夫弄清课程的主旨,就需要把不一样的东西对应起来,这可以让他们更好地回忆课程内容。另外一个让人意外的例子是,当一段文字中有单词缺少字母,需要读者自行补齐时,阅读速度就会放慢,但记忆会更牢固。在所有这些例子中,改变正常的表达形式会带来困难——干扰了学习的流畅性——但这种困难会让学习者更努力地构建一种合理的解读。多下的那番功夫加强了人们对资料的理解与学习效果。(当然，如果难得离谱，完全不能让人理解其中的意思，或是根本无法克服困难，那对学习也是毫无帮助的。)[13]

尝试解答一道题目或是解决一个问题，而不是坐等信息或解决方案出现，这种行为被称为"生成"。即便是拿熟悉的资料来考你，就算是简单的填空也可以强化你对资料的记忆，增强你在以后回忆它们的能力。在测验中，想出一个答案要比从多个选项中选择一个答案更有利于学习。强迫自己写一篇短文还会让资料被记得更牢固。克服这类小困难，是主动学习的一种形式。在这种形式中，学生们进行的是更高层次的思考任务，而不是被动地接受他人提供的知识。

当你要回答某个新题目，或是要为新问题拿出解决方案时，生成能力对学习的帮助会更加明显。一种解释是，当你想方设法寻找答案，从记忆中检索相关知识的时候，在得到答案、填补知识空白之前，你会先强化大脑中到这部分空白的检索路径；当努力填补完这部分空白后，你便在头脑中建立起了到新知识的联系。举例来说，假设你家住佛蒙特州，别人让你说出得克萨斯州首府的名字，你就会思考各种可能的答案：达拉斯？圣安东尼奥？厄尔巴索？休斯敦？即便你无法确定，在猜对正确的答案（或是由别人告诉你正确的答案）前思考可能的选项，对你也是有帮助的（答案是奥斯汀）。你会苦苦思索这个问题，会绞尽脑汁地考虑可能带来启发的线索。你可能会产生一种求知欲，甚至会因为觉得被难住了而感到沮丧，并且强烈地意识到自己的知识并不完善，存在空白。这样一来，你在看到答案后便会有豁然开朗的感觉。为解决一个问题而进行的尝试虽然会有失败，但这样做却能刺激你在发现正确答案后对其进行深度处理，为答案的编码工作打下扎实的基础，这是坐等答案送上门所没有的效果。解决一个问题总要好过记住一个问题的答案。尝试一种解决方法但得出了错误的答案，也是要好于不去尝试的。[14]

花几分钟，复习一下从一段经历中（或是最近的一堂课上）学到了什么，再拿一些问题考考自己，这种活动被称作"反思"。在完成一节课或一次阅读作业后，你可以问问自己，课程的核心思想是什么？哪些是相关的例子？如何把这些内容和我的已知联系起来？在练习过新知识或新技能后，你可以问自己，哪些是做得好的？哪些还可以做得更好？要想进一步精通，我需要做些什么，或者下次我用什么方法可以获得更好的结果？

反思涉及我们此前讨论过的数种认知活动，这些活动可以让我们更好地学习。这里包括检索（回忆最近学到的知识）、细化（例如把新知识和已知联系起来），以及生成（例如用自己的话重述核心观点，或是在心里、在行动上演练一下下次可以做哪些不同的事情）。

现在课堂上流行一种名叫"以写促学"的反思形式，实际上就是让学生写一篇作文，来反思最近一堂课的主旨。学生可以用自己的话表达主要观点，并把它们和课上涉及的其他概念联系起来，联系课外的内容也可以。（我们在第 8 章将介绍这样的一个例子，玛丽·帕特·文德罗斯给学习人体生理学课程的学生安排的"学习小结"作业。）反思过程中进行的各种认知活动（检索、细化、生成）都有助于学习，实证研究已经充分证明了这一点。

近来有一项有意思的研究，专门调查了把"以写促学"当作学习工具的结果。研究人员安排800多名学习心理学导论课程的大学生听了一整个学期的讲座。在某一次讲座中讲述过某个重要概念后，教师要求学生们以写促学。学生们自行就核心观点写出书面总结，可以用自己的话重述概念，并通过举例子的方式对概念进行细化。对于同一次讲座中涉及的其他重要概念，教师让学生们通过一组幻灯片进行总结，并让他们花几分钟从幻灯片中一字不差地抄录里面的重要观点与例子。

结果如何呢？研究人员在学期中安排考试，用提问的方式评估学生们对此前学习的重要概念的理解。那些用自己的话撰写文章的学生，得分要远高于那些只抄录的学生，这证明了单靠接触概念对学习是没有太多帮助的。大概两个月后，研究人员继续安排测验评估记忆效果，把以写促学当作一种反思形式的收效虽然有所下滑，但效果还是相当不错的。[15]

化解因失败带来的焦虑感

在20世纪五六十年代，心理学家斯金纳推崇在教学中使用"无错误辨别学习"的方法。他认为学习者所犯的错误没有用处，而且学生会犯这些错误是授课失败所致。无错误辨别学习理论催生了这样一类授课技巧,即向学生们一点点灌输新资料,并在这些资料还没被忘记的时候立刻进行小测验,也就是保持短期记忆的新鲜程度,而且便于应付考试。这样一来基本上消除了犯错的机会。但在那之后,人们逐渐意识到,从短期记忆中检索并不是有效的学习方法,而且要想提高一个人对新资料的掌握程度,犯错也是努力的一部分。然而在西方文化中,成绩被视作能力的一种象征,许多学生把错误看作失败,想尽一切办法避免出错。教育者可能也强化了人们对失败的厌恶感,因为他们认为,要是允许犯错,学生就会学到错误的东西。[16]

这是一种误导。当学生们犯错并获得纠正性反馈时,学到的绝不是错误。即便是那些极有可能导致错误发生的学习方法,例如在教某人如何解决问题前,先让他自行寻找答案,这也比被动的学习方法更能让人学到并记住正确的信息——只要能提供纠正性反馈。此外,对于认识到学习是困难的过程,在这个过程中犯错是常事的人来说,他们会更愿意接受接连不断的艰巨挑战,并且不太会把错误看成失败,而是将其视为通往精通之路的必修课与转折点。只要看看客厅里那些深深迷恋游戏机的孩子就能明白这一点:为了通关一款动作游戏,他们可是全神贯注地投入其中。

对失败的恐惧会导致学生厌恶尝试新事物,讨厌下功夫冒险,或是导致他们在面临测验等压力下表现不佳,这都会影响学习。就以测验为例,那些非常害怕在考试中犯错的学生,成绩可能真的会更糟糕,原因就是他们感到了焦虑。为什么会这样?这

4
知识的"滚雪球"效应

可能是因为他们把很大一部分工作记忆容量都浪费在监测自己的表现上了（我做得好不好？我是不是犯错了？），而分配给测验中解答问题的记忆容量则较少。"工作记忆"是指你在解决一个问题时，尤其是在有干扰的时候，头脑中能够保存的信息量。每个人的工作记忆都相当有限，有的人多些，有的人少些，更大的工作记忆容量意味着智商更高。

为了调查失败的恐惧会如何影响测验分数，法国一群六年级学生接受了这样一个实验。研究人员给这些学生出极难的变位词①问题，让他们全都答不上来。在绞尽脑汁最终无果之后，半数的孩子上了一堂10分钟的课。在课上，教师告诉他们，困难是学习的重要一环，犯错是正常的，而且是肯定会出现的，还有就是练习大有裨益，这就和学骑自行车是一个道理。另外的孩子则只是被简单地问及他们是如何尝试解答变位词问题的。在这之后，两组孩子再进行一次困难的测验，得分用来评估工作记忆。结果显示，那些被教导犯错是学习中正常环节的孩子，对工作记忆的运用要远胜于另一组孩子——前者没有把自己的工作记忆容量浪费在纠结任务有多难上。这项实验还有其他的变体形式，也都进一步验证了这条理论。实验结果都证实了这一发现，即困难会使人产生一种无能为力的感觉，而这会引发焦虑，随之干扰学习。还有就是，"给学生们留出苦思难题的空间，这样他们会表现得更好"。[17]

---

① 把某个词或句子中字母的位置加以改变而组成的新词，被称为变位词。——编者注

这些研究指出，并不是学习中的所有困难都是合意困难，比如测验时产生的焦虑感。这些研究还着重指出，非常有必要让学习者理解，学新东西时不仅会遇到困难，遇到困难也是有益处的。在法国人的那项实验之前便有相关的研究，其中最重要的便是卡罗尔·德韦克与安德斯·艾利克森的研究。我们会在第 7 章提高智力的主题上讨论这两个人的研究。德韦克的研究提出，相信自己智力水平由基因决定、出生后无法改变的人，倾向于让自己避开那些可能无法成功的挑战，因为失败似乎代表他们的天赋较弱。相反，那些在帮助下认识到努力与学习会改变大脑，意识到智力在很大程度上是可以被掌控的人，更有可能应对艰巨的挑战，并坚持不懈。这类人把失败看作努力的标志，是道路上的一处转折，而不是一个人无能的标志，不是道路的终点。安德斯·艾利克森在研究中调查了专业表现的本质，并指出，人们要想成为专家，就需要数千小时专心致志的练习。在这个过程中，人会努力超越自己现有的能力水平，而在通往精通的道路上，失败是必不可少的经历。

针对法国六年级学生开展的研究获得了广泛认可。巴黎一所高等研究院受到启发，开展了一次名为"错误节"的活动，旨在教导法国学龄儿童，犯错是学习中有建设性意义的一部分，它并不代表失败，而是代表努力。该活动的组织者称，现代社会对结果的关注导致了一种畏怯知识的文化，正在扼杀那些曾给法国历史带来重大发现的教育方式与冒险精神。

从巴黎的"错误节"发展到旧金山的"失败展"，并不需要

4 知识的"滚雪球"效应

天马行空的想象。在"失败展"上，科技行业的企业家与风投人士每年碰面一次，研究失败案例，继而获得所需的批判性观点，从而调整企业战略，取得成功。爱迪生把失败称为灵感的源泉。据称，他曾这样说："我没有失败。我只是发现了 10 000 种不适用的方法。"在他看来，在失败面前坚持不懈才是成功的关键。

失败为科学的方法打下了基础，提高了我们对自己居住的世界的认知水平。拥有坚持不懈和坚韧不拔的品质，就可以把失败视为有用的信息。不管在哪个创新领域或成功的学习经验中，这两种品质都是重要的基础。失败说明有必要加倍努力，或是解放思想、尝试不同办法。史蒂夫·乔布斯于 2005 年在斯坦福大学毕业典礼上的演讲中提到，1985 年，30 岁的他被自己创办的苹果公司解雇。"当时我并没有想明白，但事实证明，被苹果解雇可能是我一生中经历的最好的事情。成功的累赘被从头再来的轻快所取代，一切都变得更可塑了。我得到了解放，进入了自己人生中最富创造力的一段时期。"

失败绝不是人们想要的，但有时只有经历过失败，人们在面临风险时才能不屈不挠地做出努力，发现什么合适，什么不合适。尝试解决一个难题比坐等解决方案对我们更有帮助，哪怕最初的尝试并没有找到答案。

创造性源于不设限的学习

我们在前文说过，在没有被教导的前提下尝试解决问题的过程被称作生成性学习,意思是学习者是在生成答案,而不是回忆答案。生成就是试错。大家都听说过硅谷小青年在车库里研究电脑,成为亿万富翁的故事,我们在这里却要奉上一个与众不同的案例:明尼苏达州的邦妮·布洛杰特。

邦妮是一名作家,也是一位自学成才的观赏植物园艺师。她一直有一个矛盾的念头挥之不去,那就是在心里不停地念叨自己的新想法,肯定会让她变得疯疯癫癫,导致她在众人面前下不来台。虽然她的审美能力很强,但她心中也充满怀疑。她的"学习风格"或许可以被称为"先行动,再审视",因为她担心要是在刚开始时就瞻前顾后,可能会影响自己的判断。她用"迷茫的园丁"这个笔名发表与园艺相关的文章,用这个笔名是她赶走自己疑虑的一种方式,因为无论下一个新想法的结果是好还是坏,她总是保持跃跃欲试的态度。"迷茫意味着要在想清楚如何实施计划前就行动,要在知道自己会遇到什么之前就行动。对于我来说,知道自己会卷入什么困境是有风险的,这个风险就是把一切了解清楚之后,便会有巨大的心理负担,永远无法着手去做这件事。"[18]

我们可以从邦妮的成功中看出努力解决问题会如何提高学习效果,以及为什么在某个领域不停地钻研、试错,我们就能掌握更复杂的知识,更了解事物之间的关联。我们与邦妮交流的时候,她刚刚从明尼苏达州南部回来。她去那里见了一群农夫,他们想借鉴她的园艺思路,处理包括农田布局、害虫控制及灌溉等一系列问题。自从接触园艺起,邦妮的文章就在全美获得了认同,流传甚广,颇受欢迎。她的花园已经成了其他园丁努力的

4
知识的"滚雪球"效应

目标。

邦妮与丈夫住在圣保罗市一个颇有历史的社区里。她是在接近中年时开始从事观赏园艺工作的。她没有受过培训，只靠一腔热忱，希望能亲手把自家院子变得更加美丽。

"打造美的经历让我感到平静。"她说，但这完全是一个需要不断发现的过程。她一直在写作，而且在从事园艺数年后开始出版期刊《园艺指南》。这份针对北方园丁的季刊介绍了她的发现、失误、教训与成功。她的行文风格就和她的园艺作风一样，有着大胆而不失谦逊的幽默，通过自己的亲身经历，向他人诉说着有趣的小事与突发奇想。给自己起名叫"迷茫的园丁"，就是她在给自己及读者接受错误、容忍犯错的空间。

需要强调的是，在书写自身经历的同时，除了园艺活动本身，邦妮还进行了两个有效的学习过程。她一直在检索自己发现的故事与细节——例如嫁接两种果树的实验——然后，通过向读者解释这段经历，她也一直在细化这部分内容，把实验成果和她在这一领域的已知或是已经学成的东西联系了起来。

邦妮那种立刻着手的冲动带着她走遍了植物王国，也让她深刻了解了各种专业术语与经典的园艺文献。这种冲动也让她走进美学、建筑及机械等相关领域：建造石墙，铺设水景，给车库安上拱顶，修葺小路、台阶与园门，用锯子打造出哥特式的尖桩围篱，用旧木头做出更开阔的装饰，用增加更多水平线装饰的方式，让自家维多利亚风格的三层住宅变得不再那么高耸突兀，同时让房子和周围的花园结为一体，让室外空间更加通透，更容易让街上的人看到其中的美景,但也不失私密性,保证花园是个人的专属空间。她的花园空间是非对称式的,很有特点,给人一种浑然天成的感觉,然而又通过材质、线条及几何图形的重复,保证了整体的一致性。

她能越发熟练地掌握复杂的知识,一个简单的例子就是她学习植物分类学以及术语的方式。"刚开始的时候,植物世界对于我来说就是一门陌生的语言。阅读有关园艺的书籍时,我会完全摸不着头脑。我不知道植物的名称,无论是常用名还是拉丁学名。我当时甚至没想过要学这些东西。为什么要学这个呢?为什么不能简单地挖个坑,把东西放进去就可以了呢?"她中意的是那些能启发她灵感的照片,以及介绍设计师如何营造出期望效果的亲身经历的文章,里面要有"我的步骤是"这样的文字。我的步骤,正是因为"我的"这个物主代词,让邦妮下定决心要用亲历的方法来学习。毕竟每个园丁的作业步骤都是因人而异、独一无二的。邦妮没有接受专家指点,对林奈氏分类学不甚了解,也不太清楚自己挖坑、浇水种下的植物的拉丁学名。但就在自己不断尝试的过程中,在努力把头脑中的美景变成现实的过程中,尽管有各种不情愿,她还是要接触拉丁名词和分类学。

"你开始意识到拉丁学名是有好处的,它能让你直截了当地明白植物的天性,而且也有助于记忆。在 tardiva hydrangea(绣球花属植物的一种)一词中,'Tardiva'是种的名字,后面的'hydrangea'则表明了它的属。"邦妮在高中学过拉丁文、法文,当然还有英文,有关这些记忆的线索开始苏醒了。"我一下子就

4
知识的"滚雪球"效应

明白'tardiva'这个词有'晚'的意思，就和单词'tardy'（晚的）是一个意思。许多不同的植物的名字里有一个同样的词，你明白了'hydrangea'这个词代表属，然后知道了它的种是'tardiva'，现在你还了解到，这是一种开花较晚的植物。这样你就意识到，拉丁学名有助于你记忆，而且你会发觉自己使用它们的频率越来越高。同时，你能更好地记住植物，因为它的第二个属性是'procumbus'，意思是匍匐，也就是趴在地上——很贴切。这样一来，在特定种的名称和属的名称连在一起时，植物名字就不难记忆了。明白拉丁学名还有一个重要意义，那就是你可以清楚地区分一种植物。植物有很多常用名，而常用名在各地的叫法都不一样。Actaea racemosa 的一个常用名是黑升麻，不过也可以叫作蛇根草，这些单词又都能用在其他植物上。但 Actaea racemosa 只有一种。"渐渐地，虽然心里还有所抗拒，但邦妮开始领悟园艺植物的传统分类学，并认识到了林奈氏分类学的用处。

邦妮表示，她最近见过的农夫感兴趣的是她对堆肥和蚯蚓的认识。这种方式要比施化肥更能保证土壤的肥沃，也更能保证土壤的透气性。此外，农夫还关注如何在自制滴灌设施的节水环境下保证作物根系的生长。在描述与农夫的会面时，邦妮时有停顿，这反映出她是如何在不经意间了解所有这些知识的。她在一开始并没有设定一个要实现的目标。"迷茫不是一件坏事。在迷茫中能把事情完成就是好事。很多人会细细考量任务的艰巨程度，把一切都看得很复杂，导致他们在半路上停下来。"

当然，在某些环境下——例如学习跳伞以及在关乎性命的活动中——迷茫绝不是最佳的学习方法。

别在无法克服的困难上浪费时间

发明了"合意困难"这个词的比约克夫妇写道，困难之所以必要，是因为"它们能触发编码和检索过程，从而支持学习、理解，以及记忆。然而，如果学习者没有相应的背景知识或技能来顺利处理困难，它们就会变成不合意的"。[19]认知科学家从实证研究中得知，测验、间隔练习、穿插练习、多样化练习、生成，以及特定形式的环境干扰，会让学习更有效，记忆更牢靠。除此之外，我们对于哪些困难属于不合意的困难还有一种天生的直觉，但由于缺少必要的研究，我们现在还不能确定。

显然，无法克服的困难就是不合意的。对于缺乏阅读技巧，或是对语言不够熟练的学习者来说，他们要花相当长的时间才能调整好思绪，理顺课本与授课大纲中不一致的地方，那么这种不一致对于他们来说就不是合意困难。如果你的课本是用立陶宛文写的，而你又不懂这门语言，那么这很难称得上是合意困难。想要让困难是合意的，必须确保困难是学习者加大努力就能克服的。

凭直觉说，那些无法强化所需技能的困难，或是致使你在现实生活中无法学以致用的挑战都是不合意的。想要成为一名电视主持人，合意的培训可能是让你一边看新闻，一边找人在你旁边不停地耳语；想要成为一名政客，你可能需要在演练竞选演讲

4
知识的"滚雪球"效应

时，找个模拟对手质问你。但这两种困难对有志登上YouTube（优兔）视频网站的博主来说，应该都没有什么帮助。对于密西西比河上的新手拖船领航员来说，培训可能会要求他们在强侧风的情况下，把一串空驶的、吃水很浅的货船引入水闸。棒球运动员可能会在球棒加挂重物的情况下练习击打，从而提高挥棒力度。你可能会去教橄榄球运动员一些芭蕾舞的要点，让他们学习平衡和移动，但你肯定不会去教他们打高尔夫的技术，也不会教他们反手打网球的技术。

是否有一条主宰一切的大定理，决定了哪些阻碍会让学习更有效呢？时间和更深入的研究或许会给出答案。但我们之前描述的那些困难的必要性是有据可查的，而且它们已经成了一套覆盖广泛、适用于各种条件的现成工具。

小 结

学习的过程至少可以分成三步：最开始是对短期工作记忆中信息的编码。这时信息还没有被巩固成长期记忆中坚实的知识表征。巩固会辨识并稳定记忆线索，赋予其含义，把它们与过去的经验以及长期记忆中已经存储下来的其他知识联系起来。检索会更新所学的东西，并让你做到学以致用。

学习总是建立在已知基础之上。我们是通过与已知建立联系这种方式来解读事件和记忆事件的。

长期记忆的容量基本上是无限的。你知道得越多，就越有可能为新知识建立联系。

由于长期记忆的容量颇大，所以关键是要有一种能力，让你在需要的时候锁定并回忆已知。回忆所学知识的难易程度取决于对信息的重复使用（保持检索路径不会被忘却），也取决于你是否建立起了强大的检索线索，因为它能重新激活你的记忆。

阶段性地检索所学，有助于强化记忆间的联系，也能强化回忆知识的线索，同时还能弱化连通冲突记忆的路径。检索练习若是没什么难度，那就不能强化所学的知识；练习难度越大，收效才越大。

当你从短期记忆中回忆所学时，例如快速频繁地进行练习，是不需要花什么心思的，也不会有长期性的收效。但当你过一段

4
知识的"滚雪球"效应

时间再回忆时，当你对所学的东西有些遗忘时，你就不得不努力重建这一切。这种耗费心力的检索既能强化记忆，又能让所学再次具有可塑性，引发对所学知识的再巩固。再巩固可以用新信息更新你的记忆，同时可以将它们与最近学到的东西联系起来。

重复进行费力的回忆或是练习，有助于把所学的知识整合成心智模型。在心智模型中，一套彼此相关的概念或一系列运动技能被融会贯通，形成一个有意义的整体。它能适应随后的各种环境，并发挥作用。开车时的感知和操控就是一个例子。在面对弧线球时知道如何打出全垒打也是同一个道理。

练习的条件如果发生了变化，或是在检索中穿插安排了对其他资料的练习，我们就能强化自己的辨析与归纳能力，凭借全面发展，我们还能把所学的知识用在以后的新环境中。穿插与多样化建立了新的联系，拓展并进一步深化了记忆中的知识，同时增加了检索线索的数量。

试着自己想出答案，而不是坐等别人给你答案，或是在拿到解决方案前自行尝试解决一个问题，会产生更好的学习效果，也能让你把正确的答案或解决方案记得更持久。即便有时你会犯错，只要有纠正性反馈就没问题。

5

打造适合自己的心智模型

效率的本质取决于我们领悟周围世界的能力，以及衡量自己表现的能力。我们总是在判断自己知道什么、不知道什么，以及是否有能力处理一项任务或解决一个问题。做一件事情的时候，我们会关注自己，在进步的同时不断调整自己的思路或行动。

对自身思维的审视被心理学家称作元认知（元在希腊语中是"关于"的意思）。学着认清自身，可以让我们不至于陷入死胡同，让我们做出正确的决定，并反思下次怎样做可以达到更好的效果。这种技能的一个重要组成部分，就是对那些迷惑我们的方法保持警觉。错误判断的一个问题在于，我们往往不知道自己在何时做出了误判。另一个问题则是，导致我们误判的原因五花八门。[1]

我们将在本章讨论通常会误导人们的东西，也就是感知错觉、认知偏见，以及记忆扭曲。之后我们会推荐几种技巧，让你的判断与现实吻合。

人们经常会在报纸上读到判断失误导致的恶果。2008年夏，

5
打造适合自己的心智模型

明尼阿波利斯市的三名抢劫犯想出了一个抢劫的办法，先打电话叫一大单外卖，然后抢走送货员的所有货品及随身携带的现金。这种抢劫不费什么事，于是他们这样做了很长时间，但他们总是用两部同样的手机叫外卖，而且总是让外卖送到两个同样的地址，丝毫没想到这样做有什么不妥。

该市的一名警察戴维·加曼在那年夏天做便衣。"事情变得一发不可收拾。刚开始人们还说'他们可能有一把枪'，后来又出现了好几把枪，再后来，他们开始在抢劫时伤人。"

8月的一个夜晚，加曼接到了一通电话，说有人打电话给一家中餐馆，叫了一大份外卖。加曼连忙叫上一班人马出发，自己则乔装成送货员。他穿上了防弹衣，外面套着休闲衬衫，把点45口径的自动手枪别进裤子里。同事在送货地址附近盯梢，加曼拿上外卖，开车到了那里，把车停下，车前灯直接照在前门上。他在送货包下面割了一个口子，在里面塞了一把点38口径的手枪，从外面看不出他其实在握着那把枪。"点38口径的手枪有小击锤，所以可以在包里直接射击。要是把自动手枪放在里面，一旦卡弹，那我就麻烦了。"

> 我拿着包迎上去，说："嗨，先生，是你订的餐吗？"他说道："对。"接着我想，这个人真是叫外卖的，我马上要结账离开了，这真是最蠢的一次行动。要是他递给我40美元，我还不知道这份外卖到底是多少钱。但就在这时，他扭头看了一下，旁边又冒出来两个人。

认知天性

> 他们一边朝我走来,一边带上了头套。这下我知道正戏开始了。为首的那个家伙从口袋里摸出一把枪,上了膛,直接顶在我脑袋上,说:"赶紧把东西都交出来,不然我就打死你。"于是我从包里开了枪——连开四枪。(2)

抢劫终究不是好营生。那名罪犯被击中下体,虽然活了下来,但不再是男人了。如果不是送货包太沉,加曼本可以瞄准得高一些。他从这次经历中学到了一点:下次最好准备充分一些,不过他不让我们说具体要怎么准备。

虽然事实并非如此,但我们总愿意认为自己比普通人更高明。当每年的"达尔文奖"①评选结果出炉时,看到邮件中那一列"不作不死"的名单,我们也会对这种假象深信不疑。例如,多伦多的一位律师为了向他人展示办公楼玻璃的强度,用肩膀猛撞玻璃,结果在玻璃碎裂后掉下了22层。然而真相是,每个人都不可避免地会做出误判。优秀的判断是一项需要学习才能获得的技能,需要敏锐地洞察自己的想法与表现。有几个因素导致我们在刚开始这样做的时候就面临劣势。其一是在不胜任某项工作的时候,我们倾向于过高估计自己的能力,并认为没有理由调整自己的判断。其二是,身为人类,我们很容易被错觉和认知偏见所

---

① 这是一个有玩笑性质的奖项。之所以会评选死者获奖,并用进化论提出者的名字命名这一奖项,是因为主办方认为,"获奖者身亡或失去繁衍能力,避免了自己愚蠢基因的传递"。奖项通过邮件宣布。——译者注

误导，盲从于那些我们为了解释周围环境而自行编织的故事，自以为是。想要更好地胜任一项工作，或者是成为专业人士，我们必须学着看出他人身上的能力，能够更准确地判断自己知道什么和不知道什么，采用那些能取得成果的学习方法，并通过客观的途径记录自己的进步。

没头脑的机制1和爱自省的机制2

丹尼尔·卡尼曼在《思考，快与慢》一书中描述了人的两套分析机制。他提到的"机制1"（自动机制）是无意识的、直觉式的，而且是瞬发式的。它会调用我们的感觉与记忆，在一瞬间评估形势。就像球员向底线冲刺时，会迂回避让对手的围堵那样；就像明尼阿波利斯市的警察在冷天拦车上前检查的时候，即便没看到司机脑门冒汗，他也会做好规避的准备。

"机制2"（受控机制）是指有意识地分析与推理的过程，这个过程较慢。这部分想法会权衡选择、做出决定，并进行自我控制。我们还会利用它来训练"机制1"，好让自己能当机立断。橄榄球运动员在头脑中演练折返规避时，用的就是机制2；警察在练习从"歹徒"手中夺枪时，用的也是机制2；神经外科医生排练修复破损静脉窦时的操作，用的也是同一种机制。

"机制1"是在无意识的情况下出现的，而且作用很大，但它会受到错觉的影响。你需要"机制2"来帮你管理自己：检查自己是否冲动、预先做好计划、分辨选择、想清楚这些选择的意义，并控制自己的行为。假设饭店里有一位带小孩的母亲，一个男人从她们身边走过，小孩开始喊"爸爸"，这是"机制1"在发挥作用。尴尬的母亲说："不，亲爱的，那不是爸爸，只是个陌生男人。"这位母亲是在用"机制2"行事，帮助小孩完善她的"机制1"。

"机制1"很强大，因为它会调用我们积累多年的经验，以及我们内心深处的情感。"机制1"可以让我们在生死瞬间做出反应，躲避危险。在某个特定领域精心练习数千个小时，"机制1"就会让我们练习的技能变得非常纯熟。在这两套机制的相互作用下，瞬间评估形势的反应能力会与质疑能力及仔细分析的能力相抵触——也是马尔科姆·格拉德韦尔《决断2秒间》一书的主题。可以肯定的是，如果"机制1"的结论来自不察或错觉，你就会陷入麻烦。在生活中，或者说在所有你想有所建树的领域中，想要提高自己的胜任能力，一个重要的方法就是学习何时该信任直觉，何时该质疑直觉。不是只有笨蛋才会倒霉，从广义角度上看，人人都有陷入困境的时候。飞行员就是一个例子，他们容易受感知错觉的影响。飞行训练就是要让他们意识到这些错觉，让他们通过仪器弄明白自己是否做出了正确的举动。

中国台湾"中华航空"公司的006号航班就发生过一件吓人的事，不过好在最后有惊无险。1985年冬的一天，一架波音747型飞机从台北飞往洛杉矶，航程总共需要11个小时。起飞10个小时后，飞行高度是41 000英尺，正在太平洋上空。这时，飞机的 4 号引擎突然失去了动力,接着整架飞机开始失速。机组人员没有按照操作手册上注明的那样,转到手动控制并将高度降至 30 000 英尺之下重新发动引擎,而是靠自动驾驶将飞机保持在 41 000 英尺的高度发动引擎。与此同时,由于外侧损失了一部引擎,飞机因左右推力不等而发生了倾斜。自动驾驶仪试图做出修正,保持飞机水平飞行,但因为不断失速,飞机开始向右翻转。机长发觉飞机在减速,但没意识到减速已经让飞机向右翻了过去:他的"机制 1"或许来自前庭反射——内耳感知平衡与空间方位的方式——但飞机的飞行轨迹让他觉得是在以水平方式飞行。他的"机制 2"本应是看一眼地平线和仪器设备。修正程序规定此种情况下该左转舵,从而拉升右翼,但机长的"机制 2"在关注空速仪,在关心副机长与机师对引擎的重启上。

飞机倾斜得越来越厉害,高度降至 37 000 英尺之下,飞进了云层里,地平线从视野中消失了。机长关闭了自动驾驶,降下机鼻,期望获得更快的速度,但飞机已经横倾了至少 45 度,头冲下进入了无法控制的下落状态。机组人员对这种情况大为不解。他们知道飞机出了状况,但没意识到机体已经竖了过来,而且正在急速坠落。他们感觉不到 1~3 号引擎的推力,于是认为这些引擎也发生了故障。从飞行仪表上看,飞机的下落是很明显的,但机组人员不相信会有这么大的倾角,因此他们断定是仪器出现了故障。在 11 000 英尺的高度,飞机冲出了云层,机组人员这才吃惊地发现自己正飞速冲向地面。机长与副机长两个人拼命地向后拉操纵杆，飞机承受了巨大的应力[①]，但成功恢复了水平姿态。起落架从机腹中掉了出来，其中一套液压系统也损坏了，不过4部引擎都恢复了，机长重新控制了飞机，并将其安全转降在旧金山国际机场。事后的调查显示出机组人员的操纵方式给飞机带来了极大的损害。机翼承受了相当于5倍重力的应力，向上弯曲到了无法复原的程度。两部起落架支柱损毁，两扇起落架舱门被扯掉了，水平尾翼出现了大面积破损。

航空术语"空间定向障碍"，指的是两种因素共同作用产生的严重后果：飞行员无法看见地平线，依靠与实际情况相悖的人类感官的感知进行判断，又确信是飞行仪器出现了故障。正如卡尼曼所说，直觉式的、反射式的"机制1"会察觉危险，保证我们的安全，但它极难被更改。006航班一开始只是失去了一部引擎，并不是什么紧急事件，但由于机长的做法，它很快就变成了一起事故。机长没有遵照规定作业流程办事，也没有查看所有仪器，没有充分调动自己的"机制2"来分析事态，而是把全部精力用在重新发动引擎上，而且只依赖空速这一个飞行数据进行判断。在事态进一步失控时，他信任的是自己的感觉而不是仪器——他对飞机上发生的事情有自己的一套解读。

可能导致飞行员失误的错觉有很多（有些学名非常生动，例

[①] 应力是指物体由于外因（受力、湿度、温度变化等）而变形时，在物体内各部分之间产生相互作用的内力。应力可抵抗这种外因的作用，并试图使物体从变形状态恢复到变形前的样子。——编者注

5 打造适合自己的心智模型

如"倾斜错觉""墓地螺旋""黑洞进近"[①]），而且在互联网上也有不少飞机失事前最后一刻飞行员们嘶喊的录音，内容多是拼力想要弄明白或修正飞行中的故障，但未能奏效，听起来让人胆战心惊。幸运的是，"中华航空"的这起事故最后得以化解。但美国国家运输安全委员会的调查报告表明，"机制 1"的错觉可以迅速瓦解人们在训练中付出的努力以及获得的专业经验。这就是为什么我们需要一套训练有素的"机制 2"，也就是有意识地分析与推理，让人们别忘记时刻关注飞行仪表盘。[(3)]

学习时避免错觉和记忆扭曲

《纽约时报》刊发过电影人埃洛·莫里斯撰写的一系列关于错觉的文章。莫里斯引用了社会心理学家大卫·邓宁的观点，称人类倾向于进行"动机性推理"。或者按照邓宁本人的说法，"人们有极强的天分说服自己接受自己想看到的结论，同时否认那些不合自己心意的真相"。[(4)] 有很多方式可以导致我们的"机制 1"与"机制 2"判断误入歧途：就像前面飞行员经历的那种感知错觉一样，还有失实的叙事、记忆扭曲、未能意识到该用新方法来解决新问题，以及诸多干扰我们的认知偏见。我们先介绍大量诸如此类的毛病，然后再提供应对办法——就和查看飞机驾驶舱内的仪器是一个意思——帮助你认清现实。

---

① 飞机下降时，驾驶员需调整飞行高度，对准跑道降落，从而避开地面障碍物，由于能见度、明暗度等差异，有时会产生辨认困难。——编者注

认知天性

人类有一种叙事的欲望。这种欲望源于我们对模棱两可与随机事件的不适，它塑造了我们对世界的理解。当意外发生时，我们会寻求解释。这种期望厘清事情的心理会非常急切，即便我们遇到的事情并不重要。有一项研究是先让参与者以为研究人员要考查他们的阅读理解能力与解决变位词问题的能力。测验的同时会播放一段电话录音，干扰参与者的注意力。部分参与者只听一方通话内容，其他参与者则能听到通话双方的完整交流。参与者们努力排除电话干扰，把注意力集中在阅读和变位词上，但他们不知道的是，研究的主题其实是那通电话会如何分散他们的注意力。结果显示，只听一方通话要比听双方通话更能分散人的注意力。那些只听到部分通话内容的人，过后能更好地回忆起无意间听到的通话内容。为什么会这样？可能是那些只听一方通话的人拼命强迫自己推测没听到的那部分通话内容，好拼凑出一段完整的叙事。我们认为，这项研究或许可以解释为什么在公共场合用手机打电话会特别遭人厌烦——因为别人听到的都是单方的通话。同时它也证明，人会想方设法用理性的方式来诠释身边发生的事情。

在我们想给自己的生活一个理性解释的时候，随机与模糊这两者导致的不适感也会跳出来捣乱。我们拼命想把生活中发生的事件组成一个连贯的故事，用它来解释我们所处的环境、我们遭遇的事情，以及我们做出的选择。每人都有一套不同的叙事，其中很多线索源于我们作为人类所共同拥有的文化与经验，也有很多不同的线索是用来解释个人经历中的奇怪事件的。所有这些经验都会影响人对当下情况的想法，生成自己觉得合理的叙事：为什么在我之前，家里没出过大学生，为什么我父亲的生意不赚钱，为什么我不想在企业里上班，为什么我从未想过为自己打工。我们喜欢的都是那些可以完美解释自身情绪的叙事。从这个角度来说，叙事与记忆结成了一体。我们刻意地组织自己的记忆，让这些记忆更容易被记住。叙事提供的不仅仅是含义，还提供了一种意识框架，好让我们把含义灌输到今后的经历与信息中，从而有效地塑造新记忆，来适应我们已有的世界观与人生观。如果让读者去解释小说主人公在压力下做出选择的缘由，读者在想象小说人物内心世界的时候，给出的解释绝不会脱离自己的人生经历。与小说家类似，魔术师与政客成功的关键就在于，他们能够利用叙事那种让人不得不从的威力，同时利用受众们愿意暂时放弃怀疑的心理。把这一点表现得淋漓尽致的就是全国性的政治辩论。志趣相投的人们在互联网、社区集会，以及媒体上集结，找寻有共同看法的人，并用他们觉得最合理的故事，来解释他们对世界运作的看法，解释普通人与政客该如何行事。

在一篇网络文章中，如果作者的立场从任何一个角度论述都合理，你就会发现用个人叙事的方式来诠释情绪的做法会有多么容易。例如一篇支持把测验当成强大的学习工具的评论文章会收到怎样的读者评论吧：有人大声赞颂，有人则表达不快，无论是支持还是反对，每个人都能拿出自己的故事来印证文章的主要观点。心理学家拉里·雅各比、鲍勃·比约克与科伦·凯利在总结了各种关于理解能力、工作能力,以及记忆错觉的研究之后指出,人们会基于主观经验做出判断,这一点几乎是无法避免的。对于过去发生的事件,和主观记忆相比,人们对客观记载的信任程度只少不多。更令人吃惊的是,我们根本意识不到自己其实是在解释自身的特殊情况。这样一来,在我们用直觉做出判断并行动的时候,对记忆的叙述就成了这种直觉中的重要部分。[5]

这就出现了一个令人困惑的悖论:从本质上说,我们的记忆是可以更改的,这不仅会干扰我们的感知,而且对于学习能力来说至关重要。现在你应该了解到,每当一段记忆被提取,我们都是在强化意识中到这段记忆的路径,而且这种强化、拓展及修改记忆的能力非常重要,可以加深我们对所学知识的印象,拓展已知信息和已知解决方案之间的联系。记忆和谷歌的一种搜索算法有些相似,学到的东西和已知的东西之间联系越多,对一段记忆做越多关联(例如把记忆和一个有形的图案、一个地方或是更长的一段经历联系起来),你就会拥有越多意识上的线索,方便今后查找并检索这段记忆。这种能力可以加强我们的能动性,也就是采取行动、有效活动的能力。同时,由于记忆可以更改,也就是可以调和互相冲突的情感需求、暗示与叙事内容,因此它完全无法保证你确定的事情就不会出错:即便是你最珍视的记忆,也不能代表事情发生时就是那个样子。

记忆在很多方面都可以被扭曲。人们靠自己对世界的了解来理解一件事情,定下从未出现过的规则,好让一件事情更符合逻

5
打造适合自己的心智模型

辑。记忆是重构出来的。我们没法记住一件事情的方方面面，所以我们只记住其中对自己的情感影响最大的元素，剩余的空白部分则由自己用细节来填补。虽然这些细节与我们的叙事内容一致，但有可能是错误的。

暗示的东西才会被人们记住，而明确表述的东西则不然。文学作品就是很好的例子。比如，一段关于残疾女孩海伦·凯勒的文字，很多人在阅读之后都错误地认为"聋、哑、瞎"这三个字出现过①。另一段文字的内容与这段文字基本相同，只是把女孩的名字改成了卡罗尔·哈里斯，阅读后的人却不会犯前一组人的错误。(6)

想象膨胀的意思是，先让人想象一件事情的具体样子，若是稍后再问起此事，他们有时会倾向于相信这件事真的发生过。问成年人"你有没有用手打破过窗户"，他们很有可能说这件事真的在生活中发生过。似乎是这个问题本身先让他们产生了想象，而后想象这个行为带来了一种效果，让他们更倾向于相信这件事的确发生过（在另一组事先没有想象过这件事发生，但也被问及同样问题的人中，这种倾向就要弱得多）。

经过生动想象的虚构事件，可以和真实事件一样牢牢地留在记忆当中。举例来说，当一个孩子被怀疑遭到了性虐待时，他在

---

① 这段文字的原文是"……她又疯、又犟、又狂躁"，并没有"聋、哑、瞎"的描述。但读者还是会根据自己对海伦·凯勒的印象，在头脑中对所读文字进行补充。——译者注

接受问询时就有可能想象询问者描述的经历，然后就真"记得"这件事发生过。[7]（不幸的是，很多关于童年遭受性虐待的记忆都是绝对真实的。一般来说，在事发后很快报案的人的记忆都是比较可靠的。）

另一类记忆错觉是由暗示引起的，单单一个小问题就有可能导致人们出现这类错觉。一个案例是让人观看一段视频：一辆汽车驶过十字路口的停车标志，与另一辆正在通过的车相撞。过后让一部分人判断车辆互相"接触"时的速度，他们给出的平均估测是每小时32英里。再叫另外一组人做同样的判断，只不过在发问时把"接触"这个词改为"撞击"，这组人给出的估测均值则是每小时41英里。如果说限速是每小时30英里，那么用第二种而不是第一种方式发问，得到的答案可就能指控肇事司机超速了。虽然法律制度考虑到了用"误导性问题"向证人发问的危险（所谓误导性问题，就是指那些引导人做出特定回答的问题），但这种提问是很难彻底避免的，因为暗示可以非常微妙。毕竟，就像刚刚讨论的这个例子一样，两辆车确实是"猛地撞在了一起"。[8]

有时候，当证人回忆不出案件经过时，调查人员会指示他们放开思路，把头脑中想到的东西随便说说，哪怕是猜都行。但是，这种随意猜测会导致人们提供错误的信息。如果这种错误得不到纠正，那么这些信息往后就有可能被当作记忆来检索。这就是为什么在美国与加拿大几乎所有的州和省，法庭都不接受通过催眠得到的证词。催眠问询一般都鼓励人们放开思路，不放过头

5 打造适合自己的心智模型

脑中的任何东西,从而得到用其他方式无法获得的信息。然而,这个过程会让人们制造出大量错误的信息。而且研究也显示,当这些人过后接受测验时,尽管只是告诉他们把记得的真实情况一五一十地讲出来,他们在催眠时的猜想也会掩盖关于真实情况的记忆。具体来说就是,他们把催眠中的想象记成了事实经过,即便明知这些事情在当时的条件下(在实验室里)是不可能发生的。[9]

来自其他事件的干扰也可以歪曲记忆。假设有警察在罪案发生后没多久就询问了一位证人,给他看了若干嫌疑人的照片。一段日子过后,警察最终逮捕了一名嫌疑人,而此人的照片又被证人看过。如果此时让证人指认,他就可能会错误地认为照片上那个人曾在犯罪现场出现。澳大利亚心理学家唐纳德·M.汤姆森就真的遇到过这样的事情。悉尼一个女子在午间看电视的时候,突然听到有人敲门。她开门后便被打倒,遭到强奸,不省人事。她在苏醒之后报了警,警察从她那里拿到了一份有关攻击者的描述,并展开了搜索。警察在街上看到了散步的汤姆森,发现他符合描述,于是立刻逮捕了他。结果汤姆森有确凿的不在场证明——在强奸发生的时候,他正在接受电视台的采访。警方却不相信。然而事情正像我们上面所说的那样,那名遭攻击的女子在听到敲门声时,看的正好是汤姆森的节目。她给警方提供的描述,明显是电视中的汤姆森,而不是强奸犯。她的"机制1"——这种反应很快,但有时会犯错——给出了错误的描述,这可能是因为她当时的情绪极不稳定。[10]

认知天性

心理学家所说的"知识诅咒",是指在别人学习我们已经掌握的东西,或是从事我们所熟悉的工作时,我们会倾向于错估他需要花费更长的时间。教师通常会受这种错觉的影响——认为微积分非常容易的教师,在面对刚接触这一科目或是学不好这一科目的学生时,就不能从学生的角度考虑问题。"知识诅咒"效应和后见之明偏误非常相似,后者就是人们常说的"我早知道会这样",即在事情真正发生后,我们会觉得自己事前就能预料到后果。晚间新闻节目里的炒股专家总会自信满满地解释今天股市的走势,而要他们在当天早上预测涨跌却是绝对不可能的。(11)

那些听起来很耳熟的描述会让人产生知晓感,也会让人把它们和真实情况混淆。这就是为什么政客与广告虽然履行不了自己的承诺,但不断重复自己说的话却能让大众信以为真,尤其是那些容易引发情感共鸣的承诺。曾经听一件事一次,等再听一次的时候,我们就会有种熟悉的感觉,和记忆混在一起。一件本来是一知半解的事情却很容易被人相信。在政治宣传中,这被称作"大假话"伎俩——即便是大假话,重复之后也会被人当成真理接受。

倾向于把流畅阅读文字误认为是充分掌握了文字的内容,就会导致流畅错觉。举例来说,一个特别难懂的概念被用清晰易懂的方式表达出来,而你在看到这一概念的时候,就会觉得其中的道理非常简单,甚至会以为自己早已完全掌握了。就像先前讨论过的那样，通过反复阅读课本学习的学生，会把经由反复阅读获得的流畅感，当成自己学会了这一科目中的知识的表现，而且他们会因此过高估计自己在测验中的成绩。

我们的记忆还被社会影响所左右，而且会与周围人的记忆趋同。假如你和一群人一起回忆过去的事情，有人记错了其中的一个细节，你就有可能将这个细节填补到自己的记忆中，以后回忆的时候也会记住这个错误。这个过程被称作"从众记忆"，或者是"记忆社会传染"：一个人的错误可以"感染"其他人的记忆。当然，社会影响并不总是坏的。如果一段共同的记忆在你的头脑中是模糊的，而别人能够记起细节，那么你随后会将记忆更新，更准确地记住过去的事情。[12]

反过来看社会影响效应，我们会发现人类倾向于假定其他人与自己的看法一致，这个过程被称为"错误共识效应"。我们一般认识不到个体对世界理解的特殊性，分辨不出我们和他人对事件解读的区别。想一想最近你与朋友在时政新闻上的分歧吧。你会吃惊地发现，她认为微不足道的小事，在你看来却明显是根本性的大问题：气候变化、枪支管控、天然气泄漏，或许还有一些本地新闻，例如是否允许发行债券筹建学校，或是不同意在小区里建造超市。[13]

对一段记忆充满自信，并不代表这段记忆肯定是准确的。对于一起事件来说，记忆可以非常生动、完整，我们非常相信它是准确的，但到头来却有可能发现自己完全记错了。肯尼迪总统遇害或是"9·11事件"这种全美悲剧可以带来一段"闪光灯记忆"。心理学家之所以给它起这样一个名字，是因为我们能在记忆中保留生动的画面：自己当时身处何地，何时听到消息，通过什么渠道得知这件事，感受如何，当时做了些什么。这些记忆被认为是不可磨灭的，深深地烙印在脑海之中。而且经过媒体详细的报道，这些祸事的大致轮廓的确会被我们牢牢地记住，但关于事件发生时你的个人遭遇，这段记忆则不一定准确。有大量研究涉及此种现象，其中一项调查统计了1 500名美国人对"9·11事件"的记忆。在这项研究中，研究人员分别在事件发生一周后、一年后、三年后，以及十年后对参与者的记忆进行了调查。调查显示，获悉袭击事件时的个人反应，是被调查者最为情绪化的记忆，而这也是他们最为确定的记忆。不过随着时间的流逝，和其他有关"9·11事件"的记忆相比，这些记忆也是变化最大的。[14]

打造适合自己的心智模型

由于掌握了生活中方方面面的知识，我们会倾向于把做事的步骤集合在一起来解决各种问题。本书前几章里的一个比喻可以用在这里，你可以把这些步骤想象成头脑中的手机应用软件。我们称之为心智模型，可以举警员在工作中的两个例子，一是常规拦车临检的动作步骤，二是近距离从攻击者手中夺枪的方法。这两件事都是由一套感知与行动组成的，警察可以不假思索地对其进行调整，从而应对不同的场合与情况。对于咖啡师来说，心智模型

5
打造适合自己的心智模型

可以是烹煮一杯上佳的 16 盎司[①] 无咖啡因的星冰乐所需的步骤与材料。对于急救中心的接待人员来说，心智模型就是如何给病患分类与挂号。

物理学家兼哈佛大学教育学家埃里克·马祖尔认为，对某事了解得越多，把它教授给其他人的难度就越大。为什么会这样？当你在某些领域成为专业人士后，你的心智模型就会发展得更为复杂，而组成心智模型的步骤也会淡化成记忆背景（知识诅咒）。以一个物理学家为例，她可以创造一个由物理规律构成的心智模型库，解决在工作中遇到的各种问题，比如运用牛顿运动定律或是动量守恒定律。她会倾向于用这些基本的规律来解决问题，而新手则靠问题表面特点的相似性将其分门别类，例如问题中涉及的装置（滑轮、斜面等）。某一天，当物理学教授要讲物理学入门知识的时候，她会讲怎样用牛顿力学中的知识来解决特定问题，而忘了她的学生还没有熟练掌握自己早已形成心智模型的基本步骤。教授假设她的学生会轻松地听懂复杂的课程，因为在她看来，这些都是极其基础的。这就是元认知错误，是对她知道的东西和她学生知道的东西之间匹配程度的误判。马祖尔说，最了解学生们在接受新概念上有什么困难的不是教授，而是其他学生。[15] 一个非常简单的实验可以说明这个问题：让一个人在心里默唱一段普通的旋律，并把旋律的拍子打出来，然后另一个人根据拍子去猜旋律。总共有 25 组给定的旋律，因此从统计学上

[①] 1 盎司约为 29.27 毫升。——编者注

猜对的概率为 4%。有意思的是，默唱旋律的人认为对方能猜对的概率是 50%，但实际上听拍子的人猜对的概率只有 2.5%，还不及统计学概率。[16]

和杜利教练的橄榄球队员记住战术一样，人人都会用大量有效的解决方案来打造心智模型库，随时用它在周六正式比赛以外的训练日里锻炼自己。不过，我们也会被这些模型所累。当新问题出现时，我们可能并未意识到这一次与以前完全不同，而把它当成像之前一样能熟练解决的问题。这样一来我们的方法就不奏效了，甚至会让事情变得更糟。未能意识到解决方案并不适合，是另外一种有缺陷的自我观察，会给我们带来麻烦。

神经外科医生迈克·埃伯索尔德有一天被叫去手术室，协助一名外科住院医师完成脑肿瘤切除手术。当时的情况非常危险，病人生命垂危。通常来说，一个切除肿瘤的心智模型需要医生慢慢进行手术，沿着增生组织外缘仔细下刀，保证切口整齐，保留周边的神经。但当增生组织出现在脑部，再加上增生后方因手术出血时，产生的颅压可能是致命的。在这种情况下，你不能再追求"慢工出细活"，恰恰相反，你需要快速地切除增生组织，排干积血，然后下功夫处理出血问题。迈克说："开始你可能会有点儿害怕，这种大刀阔斧的方法有点儿吓人。这种手术算不上漂亮，但病人能否活下来，在于你是否知道转换方式，快速完成手术。"在迈克的协助下，手术成功完成。

就像那个喊陌生人爸爸的小孩一样，我们必须培养一种能力，弄明白心智模型在什么时候不适用：什么情况看似熟悉，但实则并不相同，以及什么时候需要我们采取不同的办法，做出新的安排。

你无法从不擅长的事情里学到知识

无法胜任某项工作的人缺乏提高自己的能力，因为他们分不清能与不能之间的区别。这种现象被称为"邓宁—克鲁格效应"，是元认知中一个较为热门的议题。发现这一现象的人是心理学家大卫·邓宁与贾斯汀·克鲁格。他们的研究显示，不能胜任某项工作的人会过高地估计自己的能力，而且感觉不到自己的表现与实际要求之间的差距，觉得没有必要试着改进。（两人有关这一议题的第一篇论文的题目就是《不擅长与没想到》。）邓宁与克鲁格还发现，可以教育不能胜任某项工作的人，让他们学着准确判断自己的表现，从而提高他们的能力，简而言之就是让他们的元认知更为准确。一系列研究证明了这一发现，他们两个人让学生参加逻辑测验，并要求学生们评估自己的表现。第一项实验的结果证实了预想的情况，即能力最差的学生对自己的表现茫然不知，平均得分在后12%的学生相信自己的一般逻辑推理能力排在前68%。

在第二项实验中，等学生参加过第一次测验并评估了自己的表现后，研究人员会给他们看另一组学生的答案，然后让他们看自己的答案，要求他们重新估算自己回答正确的题目数量。得分在后25%的学生在看到同学更优秀的作答后，还是不能准确判断自己的表现。事实上，这些学生仍倾向于更加高估自己的能力。

第三项实验研究了表现不佳的人能否学着提高自己的判断能力：在逻辑推理测验中，给学生们出 10 道题目，测验后要求他们评估自己的逻辑推理能力以及测验成绩。同样，得分在最后 25% 的学生对自己的表现估计过高。接下来，其中半数学生接受 10 分钟的逻辑培训（内容是如何验证演绎推理的准确性），另一半学生则进行不相干的任务，之后让全体学生重估自己的测验成绩。现在，那些受过培训的学生能够较为准确地估计出自己做对题目的数量，也能清醒地比较自己与他人的成绩；而那些没有受过培训的学生则坚持己见，认为自己表现得很好。

不能胜任某项工作的人是无法从自己不擅长的事情中学到东西的。为什么会这样呢？邓宁与克鲁格有几条理论。其中一条是在日常生活中，人们很少从其他人那里获得关于自己技能与能力的负面反馈，因为人们不喜欢讲坏消息。即便有人能得到负面反馈，他们还必须准确理解为什么会失败。要成功需要做对所有的事情。相反，失败则可以归结到任何一个外部理由上：做不好事情怪工具不合适是很容易的。邓宁与克鲁格还提出，某些人只是不够敏锐，意识不到其他人的表现如何，因此他们不太能看出任务所需的能力要求，这就导致他们在做比较时对自己表现的判断较差。

在某些环境中或对于某些技能来说，上述效应更容易出现。在某些领域，让某人暴露出自己的无能是很残酷的事情。本书作

5
打造适合自己的心智模型

者都对儿时的一段经历记忆颇深,那就是教师指定两个男孩挑选垒球队成员。技术好的孩子先被选出来,技术差的则留在最后。通过一种非常公开的方式,你从同学那里得知了他们对你垒球技术的判断,因此那些后选出来的孩子不大会认为"我的垒球技术非常好"。不过,在日常生活的大多数领域里,如此直接的能力评判是不会出现的。[17]

总结一下,我们观察世界的方法——也就是丹尼尔·卡尼曼的"机制1"与"机制2"——依靠我们的感知系统,即直觉、记忆与认知,这些系统都存在偏差、失误、偏见与瑕疵。人人都有一整套令人叹服的感知与认知能力,它们同时也是我们失败的根源。就学习来说,我们选择做什么是受我们适合什么以及不适合什么的判断指导的,而且我们轻易就会被误导。

我们容易受到错觉与误判的影响,因此做事时要缓一缓。对于那些"学生自我导向学习"理论的拥护者来说,事情更应该如此——这套理论目前在一些家长和教育者中比较流行。该理论认为,学生自己知道学好一门课程需要做些什么,而且他们知道用什么节奏和方法来学习才是最适合的。举例来说,2008年纽约东哈林区开设了一所曼哈顿自由学校,那里的学生"没有分数,没有测验,也不会被强制要求做任何自己不喜欢的事情"。在2004年开设的布鲁克林自由学校,还有一群在家自己开课的家长自称为"非学校教育者",他们有一套理念,那就是只要能激发学生的兴趣,不管做什么都可以带来最佳的学习实践。[18]

这种想法是好的。我们知道，学生可以使用之前讨论过的方法，更自主地进行学习。例如，他们需要自测。自测既可以直接增强记忆，又能帮助他们了解自己知道什么和不知道什么，从而更准确地判断学习进展，有针对性地下功夫。但是，没有多少学生能自主地运用这些方法，而对于那些真正采用了这些方法的学生来说，单靠鼓励是没法让他们有效练习的：事实证明，即便学生明白检索练习是一种优秀的方法，他们一般也无法坚持足够长的时间，从而得不到持续的收效。举例来说，当学生们看到大量需要掌握的资料，比如一叠外语单词抽认卡，让他们自行决定什么时候一张卡已经学好了，可以拿出去不看了时，多数学生只在认对一两次后便拿走了某张卡，远远没达到熟练掌握的程度。矛盾之处在于，用最无效的方法学习的学生，对自己学习效果的错估最为严重。正是由于这种错误的自信，他们也不大会改变自己的习惯。

为下周六比赛做准备的橄榄球运动员不会凭感觉评估自己的表现，他会在头脑中演练一遍自己的动作，并总结其中的不足之处，然后实地操练，直至充分准备好应对下一场重大比赛。如果今天的学生在学习时能遵从这种规范，那么自我导向学习就极为有效。可橄榄球运动员也不是自我导向的，他的练习也有教练指导。同样地，多数学生在有教师的情况下会学得更好，只要这些教师知道学生在哪里需要改进，以及该如何安排练习才能让他们取得进步。[19]

避开错觉和误判的办法是，用一组自身之外的客观标准，来替代用作决策参考的主观经验，这样我们的判断就能贴合周围的实际了。当拥有可靠的参照点时——例如机舱中的仪器——养成检查这些参照点的习惯，这样我们就能准确地判定哪里要下力气改进，意识到自己在何时迷失了方向，以及如何迷途知返。以下是一些例子。

实践和测验才能暴露学习漏洞

最重要的是经常使用测验与检索，来验证什么是你真正知道的，以及什么是你以为自己知道的。在课上经常进行低权重的小测验，有助于教师验证学生是不是真像表现出来的那样学到了东西，同时也有助于教师发现需要额外留意的内容。索贝尔在政治经济学课上进行的那种累积小测验，就可以有效地巩固知识，而且特别有利于把某个阶段的课程内容与今后遇到的新资料结合起来。身为一名学习者，你可以使用各种各样的练习技巧来测验自己的掌握情况，可以是回答抽认卡，也可以是用自己的话解释重要概念，同伴教学法（见下）也不错。

不要因为做对了几次题目，就把某些内容从测验中删掉。如果这些内容确实重要，那么它们就需要练习、再练习。此外，不要相信集中练习产生的临时收效。加长测验间隔，运用多样化练习，把眼光放长远一些。

同伴教学法是埃里克·马祖尔开发出来的学习模式，集合了前面提到过的许多原则。在这种模式下，学生要先预习课上会涉及的资料。在上课时,教师要在授课内容中插入快速测验,给学生提一个概念性的问题,让他们花上一两分钟思考一下,之后让他们以小组讨论的形式,试着一同找出正确答案。马祖尔的实验会让学生接触授课资料中的基础概念,可以发现学生在达成一致意见时遇到的问题,而且给他们提供了机会,让他们能解释自己的想法,收到反馈,并对照他人评估自己的学习水平。同样,这个过程也为教师提供了一种考查标准,让他们知道学生吸收学习资料效果的好坏,以及在哪些领域需要下更多力气,哪些领域不需要。如果学生在一开始对同一问题有不同的答案,马祖尔会试着让他们结成对子,这样学生就能了解到其他人的观点,并试着说服彼此,看谁才是正确的。

在第 8 章中,我们还会谈到关于这种技巧的两个例子,可以参看有关教授玛丽·帕·文德罗斯与迈克尔·马修斯的介绍。[20]

在判断自己学到了什么的时候,要留意判断的线索依据。能顺畅地描述某事,并不一定代表着你真的有所长进。同理,即使你在课本上接触到了一篇文章,并能在稍后的小测验中轻松检索到其中的一段话,也不代表你真正学透了。(但若是延迟一段时间后还能轻松检索,这倒是能代表你学得不错。)更好的做法是打造一个心智模型,让其中的资料整合文章中的各种理论,把它们和你的已知联系起来,使你能够做出推论。要想知道自己对一篇文章理解到了什么程度,一个不错的判断线索是你能在多大程度上对其进行合理的解释。因为解释文章需要你从记忆中回忆要点,

5 打造适合自己的心智模型

把它们组织成自己的语言,并解释为何这些才是要点——它们和大的主题是什么关系。

教师应当给出纠正性反馈,而学生则要争取这样的反馈。在采访埃洛·莫里斯的文章中,心理学家大卫·邓宁认为,认识自身要通过他人来进行。"这确实取决于你会获得什么样的反馈。你从周围听到的是好事情吗?你从周围环境中获得的收效,是按照你所期望的那样能者多得吗?如果你观察他人,就会经常发现不同的做事方法,其中有更好的行事套路。'我并没有自己想象得那么出色,有些地方需要改进。'"想想那些排队等着进垒球队的孩子吧——你会被挑中吗?(21)

在很多领域,同伴评估可以是就某个人的表现给出反馈,这可以作为一种外部考量。多数医学实践小组都会召开研究发病率/致死率的会议。如果哪个医生的病人遭遇不幸,那么这个例子就会出现在会议上。其他医生会对其进行分析,或是说"你尽力了,只不过情况实在太糟了"。迈克·埃伯索尔德认为,他的同行应该以小组的形式进行练习。"如果你的身边有其他神经外科医生,那么这就是一种保障。如果你做了什么不对的事情,他们会提出批评意见。"

在很多领域中,和更有经验的同伴工作,可以校准一个人的判断和学习:航班上安排了机长和机副,警察出警是新老搭配,住院医师配合主治医师。学徒模式的历史非常悠久,新手(无论是鞋匠还是律师)要从经验丰富的实践者那里学习技艺,是一个传统。

在其他时候，专长互补的人会组成团队。当医生给失禁患者或帕金森患者置入起搏器或神经刺激器一类的医疗设备时，手术室里要安排一位制造商的产品代表。这名代表见过很多使用这种设备的手术，知道哪类病人能从中获益，也知道禁忌与副作用，而且在公司里还有工程师和临床医师在线等待。代表会跟踪手术，确保设备被置入正确的位置，引线在体内的埋设深浅也都合适，等等。整个团队会因此受益：确保病人的手术既成功又对症，医生在手术时随时可以就产品问题发问，公司则确保产品使用得当。

模拟真实环境中可能出现的需求与变化，这种培训有助于学习者和培训者评估熟练程度，并把注意力集中在那些需要加强理解、提高能力的领域。以警员的工作为例，他们的培训会涉及各种形式的模拟。枪械培训经常会加入视频场景辅助，在房间一端安放一块大屏幕，房间中间放置大量道具，模拟警员可能遇到的场景。在进入这个模拟场景时，警员会配备能与屏幕互动的改装枪械。

明尼阿波利斯市警局的警督凯瑟琳·约翰逊描述了几次模拟培训的经历：

> 其中一项是拦车临检。培训室后面有一块屏幕，房间里则放着各种道具——一个蓝色的大邮箱、一个消防栓、一处门廊，这些都是在视频中有情况发生时可以提

5
打造适合自己的心智模型

供掩护的物体。我记得自己走向屏幕,按照视频模拟,我是在朝一辆车走去,非常真实。车的后备厢突然打开了,里面跳起一个人,拿着霰弹枪对我射击。直到今天,我在每次拦车检查的时候都会使劲推紧后备厢,确保它不会突然打开。这完全是因为我在培训中接触了那一幕。

另一次枪械训练模拟的是接到电话报警后出警。在场景模拟一开始,我接近报警的住宅,门廊上站着一个人。我立刻发现他手里拿着枪,于是命令他丢下枪,而他做的则是转身走开。那一刻我就在想,我不能朝他后背开枪,而且那里看起来没人遇险,我该怎么办呢?就在我思考要不要朝那个人开枪的时候,他转过身来朝我开了一枪,因为我的反应比他的行动慢。行动总是比反应快,这件事让我深深地记住了这一点。[22]

枪械模拟可以有多种结果,可能是致命的,也可能和平解决。对于这些情况来说,不存在绝对正确或绝对错误的应对方式,因为里面涉及各种复杂的因素。就拿上面的例子来说,门廊里的那个人是否有犯罪历史,警员在模拟前可能知道这一信息,那么警员的应对方式就可能完全不同。在培训结束后,警员会向培训者汇报,并得到反馈。这种练习的目的并不完全是要培训技能,而是有条理地思考与合适地应对——留神声音和视觉线索,思考可能出现的结果,明确怎样才是适当使用致命武力,并在事后合理解释你在紧急情况下的举动。

  模拟达不到十全十美的效果。约翰逊还讲述了一个培训警员近距离夺枪的故事。在训练中，他们需要通过角色扮演，与队友练习夺枪动作。夺枪讲究的是速度和敏捷：一只手猛击攻击者的手腕，让他无法握住枪支，同时用另一只手扭下他手中的枪支。整个动作要靠反复训练形成习惯：夺枪，把枪还到队友手中，再夺枪。结果有一次，一位警员接到电话出勤，当他夺下了攻击者手中的枪之后，又立刻把枪递了回去。就在两人都吃了一惊的时候，警员又把枪夺了过来，这次他把枪拿住了。这种培训体系就该违背那个"应当把训练当成比赛"的基本原则，因为等到"比赛"的时候，你还要按训练打就糟了。

  想要校准自己对已知和未知的感觉，有时候最管用的反馈是你在实地操作时犯下的错误。前提是你能从这种失误中幸存下来，而且能够接受其中的经验教训。[23]

6

选择适合自己的学习风格

学生之间各不相同,而且正如弗朗西斯·培根所说,登高位之人无不沿旋梯而上。[1]

布鲁斯·亨德利生于1942年,在明尼阿波利斯北面的密西西比河畔长大,父亲是机械师,母亲则是全职主妇。小时候的布鲁斯和普通的美国孩子没有什么两样——怀揣发家致富的梦想,却不断遭遇挫折。但凡白手起家的人,他们的故事听起来总是有些相似,不过这里要讲的不是这种故事。布鲁斯·亨德利的确是白手起家,但我们要讲的是发生在"旋梯"中的事情:他如何找到了自己的成功之路,以及这段故事如何帮助我们理解不同的学习风格。

每个人都有独到的学习风格,这种理念已经出现很久了,久到它足以成为民间教育实践的一部分,同时也成为众人看待自身的一个重要方式。这种理念的一个大前提是,人们接收与处理新信息的方式各不相同。举例来说,有人通过可视资料可以学习得更好,而有人利用书面文字或音频资料学习的效果更佳。此外,这一理论还认为，若人们接受的指导不符合自己的学习风格，对学习就是不利的。

在本章，作者承认人人都有自己偏好的学习风格，但这不等于教学方式贴合这些偏好就会让你学得更好。就如何学习来说，其他类型的差异同样重要。我们先用布鲁斯的故事表述一个观点。

主动学习能制造掌控感

能掌控自己是布鲁斯成功的秘诀之一，他从很小的时候就会自己做主了。布鲁斯两岁的时候，母亲多丽丝告诉他，不能横穿马路，要小心被车撞到。而布鲁斯偏要天天横穿马路，于是母亲每天都打他一顿。"他生来就好斗。"多丽丝这样和朋友说。

8 岁的时候，布鲁斯花 10 美分从旧货拍卖中买了一个绳球，然后把里面的绳子剪开，每根卖 5 美分。10 岁的时候，他揽下了发报纸的活儿。11 岁的时候，他又当了球童。12 岁的时候，他把自己存下来的 30 美元揣在口袋里，趁天还没亮，便带着一个空的手提箱爬出了卧室的窗户，搭车赶了 255 英里到了南达科他州的阿伯丁，买了一堆明尼苏达州禁止出售的鞭炮、摔炮和烟花，又赶在晚饭前蹭车回来了。接下来的一周，多丽丝发现所有的报童都会在她家门前待一会儿再走，却弄不明白这是为什么。布鲁斯觅到了财源，可惜监督送报的人发现了这个秘密，并把事情告诉了布鲁斯的父亲。老布鲁斯告诉儿子，如果再干一次，就狠狠地抽他一顿。第二年夏天，布鲁斯又踏上了采购之旅，父亲的鞭子也没放过他。"值了。"布鲁斯说道。[2] 13岁的他已经学到了什么是需求紧张，什么是供应短缺。

布鲁斯认识到，富人并不比他聪明多少，只是拥有他不知道的信息。看看他追寻信息的方式，我们便能从中发现一些重要的、与众不同的学习风格。其中之一便是掌控自己受到的教育，布鲁斯从两岁起便养成了这个习惯。在之后的岁月里，他又把这个习惯很好地坚持了下来。他的其他行为也值得重视。在不断地投身于新的事业后，他从中学到了经验与教训，提高了自己的判断能力，能把精力放在更重要的事情上。他把学到的东西组织成了各种用于投资的心智模型，之后把它们用在更复杂的机会上，从众多干扰中找到了适合自己的道路，并从大量不相干的信息中摘出关键的细节，最终获得回报。这些行为被心理学家称为"规则学习"与"结构构建"。习惯从新经历中萃取出重要原则或规则的人，比那些只能获得表面经验、无法举一反三的人学得更好。同样，和做不到去芜存菁且不知道"菁"有什么用途的人相比，能从不重要的信息中挑出重要概念，能把关键想法组织成一套心智结构的人是更为成功的学习者。

布鲁斯十几岁的时候看到过一则传单，上面在宣传明尼苏达州中部湖畔的林地。他听说还没人在房地产生意上亏钱，于是买了一块地。在接下来的四年里，他每年夏天都去那里，在父亲的帮助下盖了一座房子。他一次只进行一项工作，要么是自己弄明白该怎么做，要么就找别人教他。为了挖地基，他借了一辆挂斗车，挂在自己那辆1949年的哈德逊汽车后面。朋友被雇来挖土，每装满一车，他就支付人家50美分；附近有一家人需要填湖，每填一车土，他又收取1美元。他从一个瓦工的儿子那里学会了如何砌墙，自己铺好了地基，还从伐木场的销售人员那里学到了如何搭建墙体结构。凭借同样的方法，他还自己给房子装好了管道和电线，当时就是一个天真的孩子四处打听别人是如何做到这样或那样的事的。布鲁斯回忆道："电力巡查员就是不批准。当时我觉得是因为他们想让工会的人完成，于是我请了一个工会的人，让他从城里过来，把线重新布了一遍。现在想起来，我做的这件事还是很危险的。"

19岁的时候，布鲁斯上大学了。那年夏天，他把这座房子卖了出去，付首付买下了明尼阿波利斯市的一套带四个房间的公寓。他的想法很简单：四个房间就是四张支票，而且每月都有进账。很快，除了在大学学习，他还要打理租房生意，付房贷，在半夜接听水管坏掉的投诉电话。涨租金会丢掉租户，他要再找人租房，在这门生意里投入的钱就更多了。他之前学到了如何把空地变成一座房子，以及如何把一座房子变成一间公寓，但最后他意识到这门生意并不好做，太操心且收益不佳。于是他卖掉了公寓，发誓在今后的20年里不碰房地产。

大学毕业后，布鲁斯在柯达公司找到了一份胶卷销售员的工作。工作三年后，他成了美国排名前五的销售人员。在这一年，他知道了分公司经理的薪水现实：算上配车和报销，挣得还不如销售员，就连为别人促成交易挣得都比经理多。这又给布鲁斯上了一课，成了他曲折"旋梯"上的一程。之后，布鲁斯跳槽到了一家经纪公司，改卖股票。

新工作与新机遇意味着有更多东西要学习："如果说交易佣金是1美元，那么其中一半会被公司抽走，剩下钱里的一半又被美国国税局收走了。要想挣大钱，我必须把精力放在挣自己的钱上，少做一些交易。"接着，他又学到一课：投资股票是有风险的。向客户推荐股票获得的佣金收入全被他自己赔光了。"你阻止不了股票下跌。如果一只股票跌了50%，得等它再涨100%，你才能保本。涨100%可比跌50%困难多了！"更多的知识积累了起来，他在等待时机，同时也在设法寻找机会。

他遇到了萨姆·莱普拉。

按照布鲁斯的说法，莱普拉当时只是一个在明尼阿波利斯市跑来跑去的业务员，从一家投资公司到另一家，谈交易，做咨询。有一天，莱普拉告诉布鲁斯，一家不景气的公司在出售债券，实际价格只有票面价值的22%[1]。布鲁斯回忆道："这些债券的未付利息有22个点，如果公司摆脱破产，就可以收到债息，也就是说，能拿到相当于投资成本的收益，还保留了一只可获得偿付的债券。"这相当于白得钱。"我一点儿也没买，"布鲁斯说，"但我一直持续关注，事情的确在按照萨姆的预测发展。于是我给他打电话，'有空下来聊聊你在干什么吗？'"

莱普拉教给布鲁斯价格、供给、需求及价值之间的关系，这

---

[1] 票面价值是1美元，实际价格是22美分。——编者注

6
选择适合自己的学习风格

要比他从倒卖一箱鞭炮中获得的经验复杂多了。莱普拉的生意遵循着这样一个准则：在公司遇到麻烦的时候，优先讨要资产的权利并不是归公司所有者，即股东，而是归债权人，也就是供应商和持债者所有。债券也有一个优先顺序。先获得偿付的债券叫作优先债券。在优先债券偿付完毕后，剩余资产可以偿付非优先债券。如果投资者害怕公司不景气，也就是资不抵债，那么它的非优先债券价格就会下降。但是，投资者的恐惧、懒惰与无知可以把债券的价格压得很低，远低于其背后的资产价格。如果可以确定这家公司真正的资产情况，而且也知道债券的价格，那么这种投资根本没什么风险。

这就是布鲁斯一直在寻找的信息。

佛罗里达州的房地产投资信托当时就不景气，于是莱普拉和布鲁斯开始调查，找到他们认为折扣非常大的债券，购买入市。"我们买的时候是 5 美元，卖的时候是 50 美元。我们买的债券全都挣了钱。"他们的方法奏效了，不过这些债券的市场价格很快回归了价值，没过多久，他们就需要一套新的投资思路了。

当时，美国东部有很多铁路公司濒临破产，联邦政府在收购这些公司的资产，要组建联合铁路公司与美国铁路公司。布鲁斯说道："有一天莱普拉说，'铁路公司每 50 年就会破产，没人知道这里面的门道。这个事情很复杂，一般人要好多年才能搞明白'。于是我们找了一个了解铁路的人——巴尼·唐纳修。巴尼以前在美国国税局工作，而且是一个铁路迷。如果你见到一个真正的铁路迷就会明白，他的脑子里想的是铁路，无时无刻不谈铁路，他不仅可以告诉你铁轨的重量，还可以告诉你引擎上的数字。巴尼就是这样一个人。"

在他们的投资模型中，一个核心原则就是要比其他投资者更清楚剩余资产，更明白清偿的顺序。在拥有了匹配的信息后，他们便可以挑选价格低、偿付可能性最大的非优先债券了。唐纳修看了几家铁路公司，决定投资伊利拉克万纳铁路公司，因为它在提交破产申请时拥有最先进的设备。布鲁斯、莱普拉和唐纳修决定先仔细调查一番。他们坐火车把这家公司的铁路跑了一遍，查看了铁路的情况，还清点了这家公司剩余的设备，检查了设备的状况，并对照穆迪运输手册[①]计算了其中的价值。"你要做的就是算术：引擎值多少钱？车皮值多少钱？一英里铁轨值多少钱？"在开展业务的150年间，伊利拉克万纳铁路公司发行过15种不同的债券。从某种程度上说，每种债券的价值都取决于相对其他债券的清偿优先级。布鲁斯把研究结果整理成了一篇文档，里面列出了公司清算时金融机构认可的清偿顺序。由于公司的资产价值、负债及债券结构都已确定，他们知道了每一级债券到底值多少钱。没有做这些功课的债券持有者一无所知。若是拿食物链来打比方，这些投资者处在最底层，甚至怀疑自己能不能收回投资，所以他们以很大的折价出售这些非优先债券。而布鲁斯的计算显示结果恰恰相反，他开始买进了。

铁路公司的破产程序牵扯方方面面，本书不再赘述。总之，

---

① 穆迪手册，包含工业手册、运输手册、银行及金融手册等诸多内容，是由穆迪投资者服务公司每年定期发行的指导性分析报告。——编者注

布鲁斯全身心地投入分析调查工作中，比任何人都更了解整个流程。之后他决心挑战管理这套流程的"老一套"权力结构，最终成功被法院任命为负责人，主管在破产过程中代表债券持有者权益的委员会。当伊利拉克万纳铁路公司在两年后脱离破产时，布鲁斯当上了公司的董事长兼首席执行官。他聘请唐纳修来运营公司。布鲁斯、唐纳修以及董事会其他成员带着存续公司打完了剩余的官司。尘埃落定之时，布鲁斯手中债券的面值升了一倍，和当初购买非优先债券的投资相比，他从中获得了20倍的回报。

布鲁斯投资伊利拉克万纳铁路公司债券一事相当复杂，而且颇有一些"以小博大、以弱胜强"的意味。但这种投资成了布鲁斯真正的工作：找到一家陷入困境的公司，深入调查它的资产与负债，查阅信贷义务中难懂的条款，调查整个行业及形势的发展，理解破产清算过程，在充分理解事情的发展方向后大胆出手。

同样精彩的故事仍有不少。布鲁斯曾控股凯泽钢铁公司，推迟了公司的清算，以首席执行官的身份带领公司走出破产，也因此被新公司奖励了2%的股份。他调解了得克萨斯州第一共和银行破产案，从中获得了相当于最初投资600%的收益。当制造商因为供给过剩而不再生产火车车皮时，布鲁斯买下了最后生产的1 000箱车皮，从铁路公司已经签订的租约中收回了20%的投资。等到一年后供给不足时，他又把这些车皮卖了个好价钱。布鲁斯发家的故事既有和别人相似的地方，又有它的独到之处：相似之处在于他了解所从事工作的本质，独到之处在于他用"上学的方式"来了解自己的风险，建立一套自己的规则，判断什么是有吸引力的投资机会，把这些规则组合成一套模板，然后找到不同的、新的方式来应用这套模板。

当被问及成功的原因时，布鲁斯说得非常轻松：进入没有竞争的领域，深入发掘，问正确的问题，统观全局，承受风险，诚实做人。但这些原因并不能让人满意，我们可以从字里行间看到它们背后更有意思的一个故事：他是如何弄明白自己需要什么知识，以及他是如何获取这些知识的；他是怎样通过早年的挫折培养起投资眼光的；还有他是如何培养出灵敏的投资嗅觉，在其他人认为有麻烦的地方发现价值。他那发觉价值的天赋令人惊诧，会让人想起那个"小孩在生日时发现小马"的故事——在4岁生日那天，一个男孩起床后发现院子里有一堆马粪，于是他手舞足蹈地喊道："肯定有一匹小马！"

人与人之间各不相同，我们在还是孩子的时候就明白这个道理——我们会拿兄弟姐妹和自己比较。无论是在小学中、运动场上，还是会议室里，这个道理都体现得淋漓尽致。即便本书介绍了布鲁斯·亨德利的愿望与决心，即便我们把他当作榜样，我们中又有多少人能够掌握"粪便代表着小马"这种理解力呢？正如布鲁斯的故事表达的那样，有些学习方面的差异比其他方面的差异更为重要。但这些差异具体是什么呢？这是本章接下来要讨论的内容。

其中一项较为重要的差异是，你如何看待自己以及自己的能力。

6
选择适合自己的学习风格

正如格言所说,"自以为能或不能,都有道理",将在本书第7章谈到的卡罗尔·德韦克的一本著作,就很好地验证了这个观点。几年前,《财富》杂志上刊登的一篇文章也表达了同样的意思,即便从表面上看,它是在反驳这种观点。这篇文章提到,阅读障碍症患者虽然在学习方面有困难,但在商业和其他领域取得了很高的成就。维珍航空公司与维珍唱片公司的创始人理查德·布兰森从16岁退学创业,现在已然身家数十亿;黛安·斯万克是美国顶尖的经济学家,非常擅长预测经济走势;克雷格·麦考是手机行业的先锋;保罗·欧法拉创建了金考影印连锁公司。在被问及成功的经验时,这类人都会讲述自己历尽艰难克服磨难的故事。他们在学校的表现都不是特别出色,对大众认可的学习方法感到很吃力,其中多数人还被误认为智商低下,有些甚至被勒令退学或被转到针对有智力障碍的学生组成的班级,但信任他们的家长、家庭教师和导师几乎都在支持他们。布兰森就回忆道:"后来我意识到,患有阅读障碍总要好过当一个愚蠢的人。"这其实就是布兰森自己对"例外"的解读。[3]

为了理解自身,我们创造出故事,而这些故事成了我们的生活叙事。我们用这些故事来解释是什么选择和意外,让自己成了今天这个样子:我擅长什么,我最在意什么,我努力的方向是什么。如果你是被垒球队预选撇在一旁的孩子,那么你就有可能换个方式去理解自己的位置。这种理解方式的变化塑造了你对能力的认识,也决定了你人生之路的走向。

如何看待自身的能力,对学习风格与做事风格的塑造有一定影响——例如你会努力到什么程度，或者你能承受多大风险，以及你在面对困难时坚持下去的意愿有多么强烈。不过，影响你成功之路的还包括技能差异，以及将新知识转化成今后学习的基础的能力。同样拿垒球来说，你对这项运动的娴熟程度，取决于若干不同的技能，例如击球能力、跑垒能力、接球能力和掷球能力。此外，具备了球场上的技能，也不一定能保证你成为这项运动的明星，因为它可能还会要求其他的能力。在专业体育领域，很多杰出的经理与教练都是名气一般甚至糟糕的运动员，但他们能在自己的比赛中当个好学生。虽然托尼·拉鲁萨作为球员的职业生涯很短暂，而且也算不上出类拔萃，但他的棒球执教生涯却十分成功。在退休时，他已经率队赢得了六次美国职业棒球大联盟冠军以及三次世界杯冠军，被视作历史上最杰出的教练之一。

我们每个人都有许多资源，表现为天赋、先验知识、智力、兴趣，以及主观能动性。这些资源塑造了我们的学习风格，以及我们弥补自己短处的办法。在这些资源中，一些水平差异是很重要的——例如总结新经验的能力，以及把新知识转化成心智结构的能力。其他通常被认为很重要的水平差异，例如是否具备一种语言化或视觉化的学习风格，实际上并不重要。

无论从哪个角度看，语言流利与阅读能力的水平差异都是决定学习效果的重要因素——即使不是最重要的，也是相当重要的。虽说一些需要付出更多认知努力才能化解的困难可以强化学习效果，但并非所有的困难都能起到这种作用。如果你为了弥补缺陷付出了额外的努力，而这些努力并不能强化你的所学，那么这些困难就是不合意的。有些人阅读能力较差，只能逐一辨析句中单词的意思，而抓不住文章的主线，这就是阅读障碍症。阅读障碍症并不是导致阅读困难的唯一原因，只是最为普遍的原因之一——差不多影响了15%的人口。这种病症是由孕期中的神经异常发育导致的。患者的阅读能力之所以受到影响，是因为大脑中将字母与发音联系起来的能力受到了干扰，而这种联系对于认字识词来说是至关重要的。阅读障碍症无法被治愈，但患者在帮助下可以学着解决或绕开出现的问题。最成功的训练方案强调患者练习操控音位[①]，建立词汇，增强理解，并提高阅读的流畅度。神经学家与心理学家强调，阅读障碍症应尽早确诊。三年级以下的儿童可以通过锻炼提高阅读水平，因为他们的大脑仍有很大的可塑潜能，可以重新编排他们的神经回路。

和一般人群相比，监狱犯人中阅读障碍症患者的比例要高出许多。无法阅读的孩童会在学校里陷入一种失败模式，形成自卑心理，一系列糟糕的后果因此出现。其中一些孩子会发展出恃强凌弱或其他形式的反社会行为，以补偿自己。如果孩子的这种做法没有得到妥善解决，那么就有可能发展成犯罪行为。

对于患有阅读障碍症的学习者来说，习得重要的阅读技能是一件难事，而且这种劣势会引发一连串其他的学习障碍。但《财富》杂志的一篇名人访谈文章认为，有些阅读障碍症患者似乎拥有，或者说开发出了超出常人的创新能力与问题解决能力。他们

[①] 音位有时被称为音素，但考虑到物理发音与语言心理学两个不同范畴上的应用，音位表意更为准确。——译者注。

之所以能做到这一点，或许是因为他们的神经网络与常人不同，也可能是因为他们为了弥补自己这方面的不足，不得不去寻找解决办法。许多受访者表示，为了取得成功，他们不得不在很小的时候就学习如何看清大局，而不是拘泥于细节，如何跳出常规的框架思考，如何有战略性地行动，以及如何管控风险。这些必备的技能一旦被习得，对他们今后的事业发展就有决定性的帮助。上述一些技能或许真的涉及神经学领域的问题。麻省理工学院的加蒂·盖格与杰罗姆·莱特文通过实验发现，和正常人相比，阅读障碍症患者对焦点视野中的信息理解较差，但他们解读周边视野中信息的能力要远高于常人。这意味着这类人有超出常人的大局领悟能力，这种能力可能就源于大脑中突触的连接方式。[4]

论述阅读障碍症的著作很多，此处不再赘述。我们要强调的是，某些与神经相关的差异可以对我们的学习方法产生很大的影响。此外，对于这类患儿中的部分人来说，高激励、向他们提供持续且专注的支持，以及让他们获得补偿性的技能，或者说补偿性的"智力"，是可以让他们茁壮成长的。

人们普遍相信学习风格理论。在高中低各级教育中，评估学生的学习风格一直都是备受推荐的做法。大众敦促教师用不同的方式上课，从而保证每个学生都能以最适合自己的方式学习。在管理培训以及职业与专业领域，学习风格理论也有较为深远的影响，在包括军队飞行员、医疗工作者、地方警察，以及其他职业的培训中都能看到它的影子。英国学习与技能研究中心在 2004 年的

6
选择适合自己的学习风格

一份调查报告中,选出了现有的 70 多种不同学习风格理论,把它们和判断人们特有的学习风格的评估工具进行比较。报告作者称,这些评估工具已经形成了一种生意,它们的推广者在既得利益的驱使下,宣扬"混乱、矛盾的理论"。同时,报告也对这类评估把个人分门别类、打上标签的做法表示了担忧。报告作者还举了某个学生的例子。该学生在一次讨论会上接受了评估,拿到结果后表示:"我了解到自己是一个听觉与运动感觉较差的学习者。既然如此,无论是阅读书籍,还是听人说话超过数分钟,对于我来说都是浪费时间。"[5] 类似的错误认识还有很多。这种说法并没有科学依据,而且会产生误导,慢慢让人感觉到自己没有什么潜力。

学习风格模型数不胜数,就算只考虑人们普遍认可的那些模型,还是很难找到一套合理的理论模式。尼尔·弗莱明倡导一种名为"VARK"[①]的方法,即按照是否更愿意通过基于视觉、听觉、阅读或运动感觉(例如移动、触摸及主动探索)的经验进行学习区分人群。弗莱明认为,"VARK"只是描述一个人的学习风格的一个方面,而一个人的学习风格应该包括 18 个不同的维度,诸如对温度、光线、食物摄取的偏好、生物节律,能否与他人协作等因素都应该被考虑进去。

其他学习风格理论与资料则考虑了截然不同的维度。人们普遍使用的一套理论来自肯尼斯·邓恩和丽塔·邓恩的研究成果,

---

① "VARK"由视觉(Visual)、听觉(Auditory)、阅读(Reading)和运动感觉(Kinesthetic)的英文首字母命名。——编者注

评估了一个人学习风格的 6 个方面：环境、情绪、社会性、感知、生理，以及心理。其他模型还会按照下列维度评估学习风格：

- 感知的风格是抽象的还是具体的。
- 处理事情的模式是主动探索还是反身观察。
- 安排事情的风格是随机性较强还是比较有条理。

在管理领域，霍尼与曼福德的学习风格调查问卷是一项非常流行的分组工具。它将员工主要的学习风格分为"行动者""应对者""理论家""实用主义者"四大类，帮助他们认识自身，从而做到有针对性地改进，成为万能学习者。

各种学习风格理论在维度的选择上各不相同，不免让人怀疑其科学性。虽然就学习新资料的方式来说，大多数人都有明确的偏好，但各种学习风格理论背后的一个前提是，当教育模式与特定的风格相匹配，而某人又能够使用这种风格来学习时，这个人会学得更好。这是一个非常有争议的说法。

2008 年，认知心理学家哈罗德·帕什勒、马克·麦克丹尼尔、道格·罗勒和鲍勃·比约克受命进行一项调查，判断以上说法是否有科学证据支持。该团队要回答两个问题。第一个问题是，机构需要什么形式的证据，才能证明自己的教学风格与评估出来的学生或雇员的学习风格相符？为了让研究成果科学可信，团队认为这项研究应该具备若干特点。首先，学生必须能够按照各自不同的学习风格分成不同的组，还要保证他们能被随机分配到不同的课堂。教师在课上要讲授相同的内容，但授课方式各不相同。其次，所有学生要接受相同的测验。测验必须能够证明，对于习惯特定学习风格的学生（例如习惯利用视觉的学习者）来说，若授课能按照他们的学习风格（视觉）进行，他们的表现就会好于按其他学习风格（听觉）进行的授课。此外还必须证明，对于其他类型的学习者来说，若授课方式符合他们的风格，他们的收效就会大于接受其他授课方式（当教师用听觉资料授课时，习惯利用听觉的学习者的学习效果要好于用视觉资料授课）。

研究团队要回答的第二个问题是，证据是否存在。答案是不存在。他们几乎没有找到能够用来测试学习风格理论在教育领域可行性的研究设计。而且，仅有的几项研究都不能证明这套理论的可行性，其中一些研究反倒与它严重抵触。此外，他们发现，更为重要的其实是授课方式要与科目的性质相符：几何与地理要用视觉授课，诗歌则要靠语言指导，诸如此类。当授课风格与内容性质相符时，所有的学生都能学得更好，与他们偏好哪种授课方式毫不相干。

虽然找不到证明学习风格理论有效的证据，但这并不意味着所有理论都是错误的。学习风格理论形式众多，有些可能是有效的，即便如此，我们也无法得知到底哪些有效：因为缜密的研究太少，不足以回答这个问题。帕什勒等人基于自己的研究发现指出，现有的证据无法证明投入大量时间与金钱评估学生，并围绕学习风格来修改授课方式的做法是有价值的。除非有这样的证据出现，否则更合理的办法是强调授课技巧，例如本书列出的那些。它们已经被研究证明有效，不管学生偏好何种风格，都可以从中受益。[6]

认知天性

你是分析型、创新型，还是实践型思维？

智力差异会影响学习效果，这一点毋庸置疑，但智力究竟指什么呢？谈到我们文化中的智力，人类社会在每个阶段都有一个概念。如何给智力下定义，既能解释人的智商高低，又能提供一个较为公允的指标评估人的潜能，是一个多世纪以来一直困扰着我们的问题。20世纪初叶，心理学家就在尝试把智力这个概念量化。而今天的心理学家一般认为，人至少拥有两种智力：一种是流体智力，指推理、发现关系、抽象思维，以及在解决问题的同时头脑中保留信息的能力。另一种是晶体智力，指积累的关于世界的知识，以及从过去的学习与经验中提炼出来的程序或心智模型。两种智力共同作用，让我们能够学习、推理并解决问题。[7]

从过往经验看，智商测验一直被用来衡量个人的逻辑与语言潜能。这类测验会规定一个智力商数，代表心理年龄与实际年龄的比率，然后再乘以100得出智商值。举例来说，一个8岁的孩子能在测验中解决大多数10岁孩子可以解决的问题，那么他的智商就是125（10除以8，乘以100）。过去人们认为，智商从一出生就固定了，但有关智力的传统概念正不断地被挑战。

心理学家霍华德·加德纳提出了一个相反的概念，来解释人的能力为何会千差万别。这种假说认为人类拥有多达8种不同的智力：

逻辑—数学智力：批判性思考，以及使用数字和抽象概念的能力，诸如此类。

空间智力：三维判断，以及在脑海中具象化的能力。

语言智力：使用文字和语言的能力。

肢体动觉智力：行动敏捷和控制身体的能力。

音乐智力：对声音、旋律、音色，以及音乐的敏感性。

人际交往智力："读懂"他人，以及与人有效协作的能力。

内省智力：理解自身，准确判断自身知识、能力、效率的能力。

自然观察智力：区分和关联周围自然环境的能力（例如园丁、猎人或厨师特有的智力）。

加德纳的理论很吸引人，其中一个重要的原因是，他在尝试用这套理论解释人与人之间的差异。我们虽然能观察到这些差异，但强调语言与逻辑能力的现代西方式智力定义无法对其进行解释。就和使用学习风格理论一样，多重智力模型有助于教育者用多样化的方式教学。多重智力理论使我们能用与生俱来的特长将学习方法多样化，而学习风格理论则对个人有负面影响，让我们以为自己的学习能力是有限的。加德纳承认，两套理论都缺乏实证基础，判定一个人拥有什么样的智力更像是一种艺术，而非科学。[8]

在加德纳拓展了智力概念的同时，心理学家罗伯特·斯滕伯格又精练了这个概念。斯滕伯格的模型指出人有3种智力，而非8种：分析型、创新型与实践型智力。此外，与加德纳的理论不同，斯滕伯格的理论有实证研究的支持。[9]

认知天性

斯滕伯格在肯尼亚乡村进行了一项研究，研究的主题就是如何评估智力。他和同事调查了孩童们掌握的有关草药的通俗知识。肯尼亚人在日常生活中经常使用草药。学校不会教授这类知识，也不会有相关的考试，但能够辨认草药且知道对症下药与服药剂量的孩子，比那些不具备这类知识的孩子更能适应他们的环境。在针对这种本地非正式知识的测试中，同龄人里成绩最好的孩子，在学校正式科目上的成绩最差。而且，用斯滕伯格自己的话来说，如果用正式科目来考查这一类孩子，结果就是他们似乎属于"愚笨型"。如何解释这种矛盾呢？斯滕伯格认为，那些在本地知识上成绩出色的孩子，其家庭更重视实践型知识；而那些在正式科目上成绩出色的孩子，其家庭在实践型方面则要弱一些。环境决定了一种学习类型优于另一种（在家庭教授孩子草药学知识的例子中，实践优于理论），那么生活在这种并不强调理论的环境下的孩子，其理论知识就处于一个较低的层次。其他家庭更重视对信息的分析（基于学校），而轻视那些实践中的草药学知识。

这里涉及两个重要的观念。第一，衡量智力的传统方式没有把环境差异纳入考量范围。如果那些在本地非正式知识上表现出色的孩子有合适的机会，他们在正式科目的学习上也能够赶超同龄人。第二，对于那些处在强调本地知识的环境中的孩子来说，他们对正式科目的掌握尚在开发之中。按照斯滕伯格的观点，所有人都处于专长尚在开发的状态，而且任何只评估我们在特定时间里已知知识的测验都是静态的，只能说明我们在测验范围内的潜力。

6
选择适合自己的学习风格

斯特伯格讲述的另外两个小故事也是有价值的。一个是对巴西孤儿进行的系列调查。这些孤儿为了生存，必须学习一些不体面的街头营生。他们的积极性非常高，因为如果他们用偷盗的方式来谋生，就有与执法队发生冲突的风险。为了做这些街头营生，他们要算算术，但同样的问题在以抽象的、笔试的形式出现时，他们就不会算了。斯滕伯格称，如果从开发专长的角度看，就能理解事情的原委：这些孩子的生活环境强调实践技能，而非理论技能，正是实际中的紧急情况决定了学习的实质与形式。[10]

另一个故事与赛马中经验丰富的专业跑马投注者有关。为了猜马，这些人开发了相当复杂的心智模型，但在标准智商测验中，他们的分数仅是平均水平。从投注模型上来说，这些人开发的模型要好于那些具有同等智商、但经验较少的投注者。猜马需要比较马的很多指标，例如马的历史收益、历史速度、赚钱的场次、骑师在近期比赛中的表现，以及之前每场比赛中的多种特点。单单是预测马在最后 0.25 英里的速度，这些专家就要用到一套复杂的心智模型，其中涉及的变量有 7 种之多。这项研究发现，智商与预测赛马的能力无关。"不管智商测验测的是什么，反正不是使用多变量推理的能力，因为这种推理的形式从认知上看极为复杂。"[11]

斯滕伯格深入这一空白领域，推导出成功智力的三元论。分析型智力是我们解决问题的能力，典型的例子就是解答测验中的问题；创新型智力是我们综合并应用现有的知识与技能，应对那些新的特殊情况的能力；实践型智力是我们适应日常生活的能力——明白在具体环境下需要做什么并行动，也就是我们所说的"街头智慧"。不同的文化与学习场景需要不同的智力类型，而且在特定情况下为了成功所付出的努力，多是不能用标准智商测验或天赋测验衡量的，因为测验会漏掉至关重要的能力。

学不好的领域暴露了你的能力结构

斯滕伯格与艾琳娜·格里戈连科提出，可以用一种动态的方式来测验评估能力。关于发展特长，斯滕伯格认为，只要在某一领域持续练习，人们总能将较低的能力发展成较高的能力。他还指出，标准化测验无法准确评定人的潜力，原因是这类测验的结果局限于一份静态的报告，只能表明测验当时人们处于学习过程的哪个阶段。结合斯滕伯格的智力三元论，格里戈连科与斯滕伯格提出放弃静态测验，而用他们称为动态测验的工具取而代之：判定一个人的专业程度；把精力集中在那些表现较差的学习内容上；用跟踪测验评估进步，调整学习精力，从而不断提高专长。因此，测验可以评估出弱点，但并不是说弱点就代表着能力不足、无法改变，而是要把它看成一种知识或技能的缺失，从而进行改善。和标准化测验相比，动态测验有两大优势：它能让学生与教师重视那些需要提高，而不是已经完善的领域；它还具备在两次测验间衡量学生进步程度的能力，可以更加真实地评估学生的学习潜能。

动态测验不是说一个人在学习上肯定会有某些局限，而是提供一种评估，考查一个人在某一领域的知识水平高低或表现好坏，并决定需要怎样改进才能获得成功——为了提高，我需要学什么。换句话说，天赋测验和多数学习风格理论强调我们的长处，鼓励我们把精力放在长处上，而动态测验会帮助我们发现自身的不足并进行弥补。在日常生活中，挫折向我们指出了需要提高的地方。今后我们可以避开类似的挑战，或是加倍努力积累我们的经验，提升我们的能力，掌握应对挑战的技能。布鲁斯·亨德利投资房屋租赁生意与股票市场遭遇了挫折，从中吸取的教训是他成功的关键：当有人试图卖给自己东西时，不要轻信，要找到正确的问题，并学着如何深挖答案。这就是不断地提高自己的专长。

动态测验可以分为三个步骤。

步骤一：进行某种类型的测验——可以是一段经历，也可以是一次笔试——看到自己的知识或技能在哪些方面有所欠缺。

步骤二：我决心运用反思、练习、间隔练习或其他有效的学习方法提高自己的能力。

步骤三：再次测验自己，留意哪些方面已有改善，同时特别注意在哪些地方还需要下功夫。

在蹒跚学步的婴儿时期，我们就在参与动态测验。当你写完首部短篇小说，在作家圈子里获得反馈，修改后再拿出来时，你是在参与动态测验——学习用作家的方式打磨文章，并对自己的潜力有一定的认识。无论是哪种认知或操作技能，决定表现上限的因素都不在你的控制之下，例如智力水平或天生的能力限制，都不是你能控制的。但在绝大多数领域，大多数人可以学着发现自己的弱点，努力进行弥补，将自己的全部潜能尽可能地发挥出来。[12]

用搭积木的方法构建知识

在如何学习这个问题上的确可能存在认知差异，但这些差异并不是学习风格理论推崇者所指出的那样。其中一种差异是前面提到的，被心理学家称为结构构建的概念上的差异。我们在接触新资料时，提取核心观点，并从中构建出一套完整的心理框架，就是结构构建。这些框架有时被称作心智模型或心智图。水平较高的结构构建者能更好地学习新资料，而水平较低的结构构建者则很难摒弃无关或相抵触的信息，导致自己被过多的概念干扰，无法总结出一套可行的模型（或整体结构），也就无法为进一步学习打下基础。

结构构建理论和搭乐高积木有些相似。假设你在学一门新课程的概览部分。你首先接触的是一本全是概念的教科书，然后要运用其中蕴含的知识构建一套完整的心智模型。以乐高积木为例，你一开始看到的是一盒零件，然后要按照盒子上给出的图片搭出一个小镇。你把零件全倒出来，按类分堆。第一步是铺设街道，因为道路可以确定城镇的边界和小区的位置。第二步，你把剩下的零件按照用途分类：公寓大楼的零件、学校的零件、医院的零件、体育场的零件、商场的零件、消防站的零件。乐高城镇的每个组成元素就像教科书中的每个核心观点，随着零件逐渐到位，这些组成元素的特点会更加分明。这些核心观点合在一起，就构成了整个村镇。

现在假设你的兄弟用过这套乐高积木，而且他把另外一套积木中的零件掺杂了进来。当发现零件与你的建筑物不相配时，你可以把它放在一旁，当作多余的东西；或者，你也许会发现其中一些新零件可以给已有的建筑物搭建附属设施，从而赋予建筑物更丰富的含义（给公寓加上门廊、阳台，给街道增加路灯、消防栓，以及遮阴植物）。你高兴地给自己的村镇加上新零件，即便玩具设计师在一开始并没有安排这些。高级结构构建者开发出的技能，可以让他们确认基础概念，确认关键建筑群，以及辨别新信息是可以在更大的结构或知识中作为补充，还是放在一旁当作多余之物；相反，低级结构构建者分不清主次，不知道什么信息更为适合，什么需要摒弃。结构构建是一种由意识和潜意识形成的规范：判断东西是否合适，是可以增加特点、能力与含义，还是多余无用。

一个更简单的比方是，假设有一位女性朋友要给你讲一个少见的 4 岁男孩的故事：她与男孩的母亲在读书俱乐部里成了朋友，最后在机缘巧合之下，这位母亲在儿子生日那天恰好为自己的花园订购了一大担粪肥；这位母亲是名出色的园丁，她种植的茄子在地方比赛中获过奖，她本人还上过早间广播新闻；她从你们教区的一个养马的鳏夫那里买到了肥料，而这个鳏夫的儿子要娶某个女孩。你的朋友不能从一大堆无关的事情中提炼出主要观点，这个故事也就没人爱听。故事也是结构。

结构构建是一个学习的认知差异问题，我们在这方面的认识才刚刚起步，还有很多问题需要回答：结构构建能力较差，是认知机制缺陷导致的吗？结构构建是否对于有的人来说是与生俱来的技能，而其他人则必须被教授才能获得？我们知道在课本中提出问题，有助于学生把注意力集中在主要观点上，通过这种方式可以将低级结构构建者的学习表现提高到高级结构构建者的水平。问题可以让学生更完整地归纳课本内容，其效果好于低级结构构建者自己的总结。

事情为什么会这样，到现在仍然没有答案。但这种影响似乎支持了前面提到的神经外科医生迈克·埃伯索尔德以及儿科神经医师道格·拉尔森的观点：培养反思自己经历的习惯，把这些经历组织成一段故事，可以强化学到的知识。结构构建理论或许可以为解释这种现象提供一个思路：反思做对了什么、做错了什么，以及下次该如何改进才有助于分离出关键概念，把它们组织成心智模型，而且在今后应用这套心智模型的时候，也可以巩固并构建已经学到的知识。[13]

有人喜欢看说明书，有人喜欢动手试错

另一种重要的认知差异存在于"规则学习者"和"案例学习者"之间。两者间的差别与我们前面刚刚讨论过的认知差异有些类

似。在化学课上研究不同的问题，或是在关于鸟类的课程上学习标本与识别方法时，规则学习者倾向于提炼出基本原则，也就是"规则"，来区分研究的案例。在以后遇到新的化学问题或是鸟类标本时，他们可以把规则当作一种手段给新问题分类，并选择合适的解法或标本箱。案例学习者则倾向于记住具体的案例，而不是基本原则。当遇到不熟悉的案例时，由于不理解分类或解决问题所需要的规则，他们只能从最近记住的案例中寻找共性，哪怕这个案例与新问题不太相关。不过，在比较两组不同的案例，而不是一次只专注于学习一个案例时，案例学习者总结基本规则的能力或许会得到提高。同样，他们更有可能发现不相关问题的普遍解决方案，前提是他们能对问题进行比较，并试着发现问题背后的相似性。

我们用规则学习研究中的两个假设问题说明这一点。一个问题是，将军的军队准备攻占城堡，城堡外有护城河。探子给出消息说，护城河上有几座桥，但城堡里的指挥官让人在桥上埋了地雷。地雷间留有通道，城堡里的人可以分成小批过桥进出，寻找食品和燃料。将军如何才能让大部队在不触雷的情况下过桥进攻城堡？

另一个问题是，病人的一块肿瘤没法用手术切除，但是可以通过辐射聚焦切除，不过辐射会穿过健康的组织。要想切除肿瘤，射线就要有足够的强度，而这种强度的射线也会损伤它穿过的健康组织。如何才能在不损伤健康组织的情况下切除肿瘤？

在研究中，单独提出这两个问题中的任何一个都会难住学生，但在指导他们考虑两者的相似之处以后，学生便能给出答案了。在寻找相似之处时，许多学生注意到：（1）两者都要把一大股力量对准一个目标；（2）把全部力量集中起来，通过一条路径抵达目标，却又不想产生任何副作用是不可能的；（3）小股力量可以抵达目标，但小股力量不足以解决问题。在分析出这些相似之处后，学生一般都能拿出一套策略，也就是将大股力量分解成小股，沿着不同的路径输送，汇聚到目标上，以致在不引爆地雷或不损伤健康组织的情况下摧毁目标。这样思考的好处在于，在弄明白了这种普遍的、基本的解决方案后，学生就可以解决很多涉及汇聚的问题了。[14]

和高级与低级结构构建者一样，我们对规则与案例学习者的理解也刚刚起步。不过我们知道，同低级结构构建者与案例学习者相比，高级结构构建者与规则学习者能更好地把所学用在不熟悉的环境中。你或许想知道，高级结构构建者是否同样是规则学习者。遗憾的是，现在的研究还无法回答这个问题。

从一个小孩会不会讲笑话，我们就可以看出结构构建技能与规则学习技能的发展情况。一个三岁的小孩讲不出敲门笑话[1]，因为他缺少对这种结构的理解。当你问"谁在敲门"的时候，孩

---

[1] 敲门笑话（knock-knock joke），是一种双关语笑话。按照文中的例子，一个完整的敲门笑话应该是这样的。
小孩：Knock, knock（敲门啦，敲门啦）！
大人：Who's there（谁在敲门）？
小孩：Doris（多丽丝）。
大人：Doris Who（哪个多丽丝）？
小孩：Door is locked, I can't get in（门锁上了，进不去）！
笑话中"Doris"的发音与"Door is"的发音相似，因此有双关的幽默效果。——译者注

子会直接把笑点说出来:"门锁上了,进不去!"他意识不到,在被问"谁在敲门"之后,要先回答"多丽丝",把哏捧起来。但等到五岁的时候,他就变成了敲门笑话专家:他已经记住了这种结构。不过五岁的他还讲不出其他笑话,因为他没学过笑话的关键元素,也就是笑话的"规则"——在讲出笑点之前要先营造氛围,无论是直接表述还是间接暗示。(15)

想想布鲁斯·亨德利弄来一箱当地买不着的鞭炮的故事,你就会明白他这种早期的经验是如何在多年后的车皮生意中发挥作用的。他同样是在利用供求关系这种心智模型,只是后来的模型更为复杂,要用到其他知识,而这些知识是他多年来学习信用风险、商业周期、破产手续概念获得的。为什么车皮会供大于求?因为税收激励让投资者把太多的钱投在了车皮生产上。一节车皮值多少钱?最后一批几乎全新的车皮的生产成本是每节42 000美元。他研究了车皮的使用寿命及残值,也查阅了租赁合同。即便把所有的车皮买来闲置不用,租金也能带来相当丰厚的投资回报,与此同时,市场供过于求的情况正在发生改变。

假设我们自己遇到这种机会,我们也会买下车皮,或者说我们也认为自己会买下车皮。但是买车皮和买鞭炮完全是两件事,即便两者背后的供求关系原则都是一样的。你要买对车皮,理解生意的运作方式,通俗一点儿说,这是诀窍。除非你在工作中理解背后的原则,并能将这些原则构建成一个大的结构,而不是简单地相加,否则知识永远都无法成为诀窍。诀窍是指你学到了就能亲自动手操作的东西。

小结

既然我们已经了解了学习上的差异，那么要怎么总结呢？

自己把握。销售行业有句老话，站在屋子里打不着鹿。这同样适用于学习：你得拿起装备，走出门去，弄清楚自己想要什么。想要达到精通，就需要探索，在涉及复杂的概念、技能与流程时更是如此。它不是考试的学分，不是那些教练可以教授的东西，也不是光靠年龄就可以积累的品质。

接受成功智力的概念。开阔眼界，别局限在自己喜欢的那套学习风格中，要运用你的资源，发挥你的全部"智力"，把你想掌握的知识或技能练得滚瓜烂熟。说出你想要知道、做到、成就的事情，然后列出需要的能力、需要学习的东西，以及从哪里可以找到这些知识和技能，再放手去做。

把你的专长看作处在不断发展的状态中，把动态测验当作一种学习方法，用它来发现你的弱点，然后在相关领域集中精力提高自己。巩固自己的长处是聪明的做法，但如果你还能用测验、考验、试错等手段不断提高自己的知识水平，在不足的地方加以弥补，你就能更胜任自己的工作，并成为多才多艺的人。

采取主动的学习方法，例如检索练习、有间隔的练习和穿插练习。要有进取心，就像那些有很高成就的阅读障碍症患者一样，开发变通或补偿型技能，弥补天赋上的不足。

不要靠感觉做事，好的飞行员会查看仪表盘。你要用小测验、同伴互评，以及第 5 章中提到的其他工具，确保能准确判断自己知道什么和能做什么，确保你的方法与目标相符。

如果你感到学习很难，不要认为是自己做错了。记住，在克服困难的过程中，付出的认知努力越多，你学到的东西才越深刻、越牢固。

提取基本原则，构建结构。如果你是案例学习者，那么一次就要学习两个或更多的案例，不能局限于一次一个，问问自己这些案例在哪些方面有相似和不同之处，它们不同到需要不同的解决方法，还是相同到可以用普遍的解决方法应对。

把你的想法或想要得到的能力分解成各个组成部分。如果你认为自己是低级结构构建者或案例学习者，那么在学习新资料的时候，时不时地停下来问问自己其中的核心概念是什么、规则是什么。描述每个概念，并回忆相关要点，哪些是重要的概念，哪些又是支撑的观念和细节？如果你要测试自己对主要概念的理解，你会怎么描述它们？

把这些核心概念组合在一起，你能想出什么样的框架？如果我们把布鲁斯·亨德利的投资模型比喻成旋梯，那么这种比喻应该也适用于类似的事物。旋梯分三部分：一支中柱、若干台面及若干阶梯。中柱连接着我们所在的位置（下方）和我们要去的位置（上方）；它就是投资机遇。每一处台面是投资交易的一个元素，防止我们亏钱或掉落。每一个阶梯是让我们向上的元素。旋梯要想发挥作用，台面与阶梯缺一不可，这样交易才具备吸引力。知道车皮的残值是一个台面——布鲁斯知道他的投资不会亏本，另一个台面是有保证的租金收入，与他的资本密切联系。那么阶梯就是即将出现的供给不足，会提升价值；车皮接近全新的状态是潜在价值。没有台面与阶梯的交易无法确保安全，既有下滑的风险，上升的机会又得不到保证。

结构无处不在，我们可以把它比作树、河流或村镇。树有树根、树干和枝杈，河流也是一样；村镇包含街道与街区、住宅、商店与办公楼。村镇的结构解释了这些元素彼此间是如何联系的，让整个村镇生机盎然。如果没有结构，这些元素只是零散地分布在空旷的大地上，村镇会不复存在。

提取重要的规则，将它们整合到结构之中，你将得到的不仅是知识，还有诀窍。正是这种对知识的精通，让你捷足先登。

7

终身学习者基本的基本

在 20 世纪 70 年代进行的一项知名研究中，研究人员在房间的桌子上摆了一盘棉花糖，然后让幼儿园的孩子分批单独进入房间。研究人员在离开房间前，告知孩子可以选择现在吃掉一块棉花糖，或者暂时不吃，等 15 分钟后研究员回来，会多奖励他一块。

沃尔特·米歇尔和他的研究生通过镜子观察这些处在两难抉择中的孩子。研究人员一出门，有些孩子就立刻将棉花糖塞进嘴里，也有些孩子选择了等待。为了抵御棉花糖的诱惑，这些孩子想尽了办法，他们"用手挡住眼睛，把脑袋埋进胳膊里……自言自语、唱歌、用手和脚做游戏，甚至还会试图睡觉"，以便让视线离开棉花糖，转移自己的注意力。

在参与实验的 600 多个孩子里，只有 1/3 的孩子能抵御眼前的诱惑，得到第二块棉花糖。

一系列后续研究发现，越能在这个实验中忍耐的孩子，长大以后在学习和工作中就越能取得成功。

棉花糖研究的简洁程度令人称道，同时也是对人生的绝佳比喻。我们在出生时便带着基因赋予的能力，但我们的成功在很大程度上也取决于专注与自律：两者是激励的产物，也体现了一个人的主观能动性。[1]

詹姆斯·帕特森是一个30多岁干劲十足的威尔士人，他对助记手段以及记忆比赛有着说不清的痴迷。"助记"源于希腊语中的"记忆"一词。助记手段有多种形式，是帮助人们记住一大段新资料，留下线索以备回忆的心理工具。

詹姆斯第一次听说助记是在大学的一节课上，教师稍稍提到了助记手段的功效。下课之后，他直接跑回家上网搜索，还买了一本与之相关的书。在他看来，如果能学会这些技巧，自己就可以在很短的时间内记住课业，有更多的时间和朋友相处了。他开始练习记忆心理学课程的名称与日期、课本引用内容的页码，还练习了社交伎俩，例如在洗牌之后记住出牌的顺序，或是让朋友们随便念数，由他来记住顺序。他花了很多时间巩固这些技巧，逐渐适应了自己的社交圈，在派对中如鱼得水。2006年，当得知英国剑桥大学要举办一场记忆力大赛时，他抱着试一试的心态报了名。结果令他大吃一惊，他在入门组的比赛中取得了第一名，赢得了1 000欧元的奖金，于是对此越发着迷。考虑到贸然一试也不会有什么损失，他当年还参加了在伦敦举办的世界记忆力锦标赛，这是他第一次参加这种大赛。

詹姆斯以为，自己身怀助记绝技，无须在资料上多费时间和精力便可以轻松搞定考试，但是就如同我们即将了解到的那样，结果却事与愿违。

参加这类比赛的选手自称记忆力运动员，他们接触这一领域的缘由各不相同。2012 年美国记忆锦标赛冠军得主尼尔森·戴利斯，就是在祖母死于阿尔茨海默病后参与这项运动的。尼尔森目睹了病魔侵袭祖母的全过程：她的记忆力每况愈下，直到失去最后一点儿认知能力。虽然尼尔森当时只有 20 多岁，但他担心自己也会遭遇这种不幸，于是开始寻找应对的办法。他发现了智力运动，希望能通过强化记忆力的方式躲过病魔的袭扰。尼尔森是一名出色的记忆力运动员，还成立了一个名叫"记忆登顶"的基金会，筹集资金并号召人们关注阿尔茨海默病这种可怕的疾病。尼尔森也会参加登山运动（曾两次接近珠穆朗玛峰顶峰），这就是基金会名字的由来。在本章，我们还会提到其他与尼尔森、詹姆斯有类似经历的人，他们都成功地用各种各样的方式提升了自己的认知能力。

按照神经学术语表述，人脑的可塑性很强，对于大多数人来说，甚至能一直延续到老年。在人的一生中，人脑是否可以自行改变，以及人们是否有能力对这种改变施加影响，从而提高自己的智商，是科学一直在试图解答的问题。在本章有关提高智力的讨论中，我们将回顾其中的一些内容。我们还会描述三种目前已知的可以更好发挥现有脑力的认知策略。

从某种意义上说，未开发完全的大脑就像未开发的国度。1846 年美墨战争期间，约翰·福瑞蒙特带着他的远征军来到洛杉矶古城。当时只有一种方法能向远在华盛顿的总统詹姆斯·波尔克汇报情况，那就是派出侦察兵基特·卡森，让他骑着骡子横穿整个大陆——往返路程接近6 000英里，中间还有诸多山岭、沙漠、荒原与草原。福瑞蒙特非常着急，要卡森日夜兼程，并告诉他连中途停下来打猎觅食都不可以，只能等骡子精疲力竭时吃掉它们充饥。探索国家尚未开发的区域，只能靠这样一种旅行方式。卡森身高约1.6米、体重约64千克，是从西岸到东岸传话的最佳人选。虽然北美大陆有丰富的自然资源，但这个新生的国家却没有丝毫开发能力。国家要想强大，就需要城市、大学、工厂、农田与海港，以及把这些地方连通起来的道路、火车与电报线路。[2]

大脑也是一样。我们带着基因降生到世上，可以说是一块璞玉。通过学习、开发心智模型，以及搭建能让我们理性思考、解决问题和创造的神经通路，我们才具备了能力。在成长过程中，我们被灌输的观点是大脑一成不变，智力差不多在出生时就定了型，而现在我们知道事实并非如此。在过去的一个世纪里，随着生活条件的改善，人类的平均智商提高了。科学家发现，大脑因中风或事故受到损伤时，可以用某种方式重新分配职责，让毗连的神经元网络接管损伤区域的工作，使人恢复失去的能力。像尼尔森和詹姆斯这些"记忆力运动员"之间的竞争，已经演化成了一项国际运动：参赛选手训练自己，完成高难度的记忆活动。人们在医学、科学、音乐、国际象棋或体育领域的专业表现已证明，不仅仅像过去想的那样是天赋使然，同时也是通过数千小时的专注练习逐渐提升技能的结果。简而言之，研究与现代文献证明，人类和人类大脑的能力远超科学家在几十年前的估测水平。

双胞胎的认知能力也会天差地别

所有的知识与记忆都属于生理现象，它们被存储在大脑的神经元与神经通道中。大脑并非一成不变，而是可塑、可变的，能够凭借每一次新任务重新组织自己。这种观点是近期才提出的，而我们对其中的含义以及具体的运作方式只是略知一二。

一篇神经学报告颇有裨益，作者约翰·布鲁尔认为，这个问题关系到人脑回路的初期开发与固化，也关系到我们能否通过早期刺激提高孩子的智力。人在出生时大约有1 000亿个神经细胞，这些神经细胞被称作神经元。连接神经元的是突触，神经元通过突触传递信号。在出生前后很短的一段时间里，人会经历一段"大脑突触形成爆发的时期"。在这段时期，大脑会自行发展：神经元会长出细小的分支，也就是轴突，它们向外伸张，寻找其他神经元上的小突起，即树突。当轴突与树突相碰时，突触就形成了。一些轴突为了找到目标树突，必须延伸出相当远的距离，才能完成神经回路的组建（这段路程非常困难，对精度的要求也很高，布鲁尔将其比作一个人找到穿越美国的道路，从西海岸到东海岸与等待自己的另一半相遇，和卡森为福瑞蒙特将军联系波尔克总统的任务相似）。正是这种回路，让我们能够感觉、认知、具备运动技能,包括学习和记忆,也决定了一个人运用智力的潜能与极限。

人在一两岁时,突触的数量会达到顶峰,比成年后的平均水平大约多出 50%。之后,突触数量的增长会比较平稳,直到青春期前后。经过了青春期的爆发增长后,大脑有一段时间会去除突触,因此突触的数量开始减少。在 16 岁左右,大脑发育成熟,这时,突触大约能形成 150 万亿个连接。

我们不知道为何未发育成熟的大脑会生成如此多的连接,也不知道大脑后来如何决定要去除哪些连接。部分神经学家认为,那些我们用不上的连接会退化并消亡,这种观点似乎佐证了"不用就作废"的原则。他们还提出,在早期刺激尽可能多的连接,在今后的岁月里就有希望保住它们。另一种理论则认为,脑部回路的增长与筛选是由基因决定的,人们对突触的去留基本无能为力。

神经学家帕特里夏·高德曼-拉奇克曾对美国教育委员会表示,"虽然孩童的大脑在早期获得了数量庞大的信息",但多数学识是在突触的数量固定后获得的。"从孩子一年级入学起,到高中、大学,以及之后的一系列教育,突触的数量基本没有变化。多数学习出现在没有突触形成,或少有突触形成的时间里",但我们在语言、数学及逻辑上的能力却可以发展到成人水平。[3]而在神经学家哈里·T. 丘加尼看来,很可能就是在这段时期而不是婴儿时期,经验与环境刺激调理了一个人的大脑回路,也让人与人之间的神经结构如此不同。[4]在 2011 年的一篇文章中,英国一个研究心理学与社会学的团队回顾了神经学证据,并得出结论:大脑的结构与整体构造在很大程度上是由基因决定的,但神经网络的精细构造似乎也可以由经验来塑造,而且具备大幅修改的能力。[5]

大脑会变化,这一点在很多前沿领域已经体现得越发明显。诺曼·道伊奇在《重塑大脑,重塑人生》一书中列举了一些激动人心的例子:病人在神经学家的帮助下克服了严重的伤残带来的困难,而这些神经学家的研究与实践也革新了我们对神经可塑性的认识。

保罗·巴赫里塔就是其中的一位神经学家,他开发了一套设备,可以帮助那些感觉器官有损伤的病人。巴赫里塔的设备能让病人重拾失去的技能,通过训练大脑对身体其他部位所受的刺激产生反应,用一套感觉系统取代另一套系统。这种尝试与盲人学习使用回声定位来认路很相似。盲人可以学习用一根手杖指来点去,辨别不同的回声以"看见"周围的环境,也可以学习布莱叶盲文[6]用触觉进行阅读。

巴赫里塔有一位前庭系统(位于内耳,决定着人的平衡感与空间位置感)受过损伤的女性患者。她无法掌握平衡,因此不能站立、行走,必须靠人搀扶。巴赫里塔设计了一顶头盔,其上有一把木工水平尺,可以通过电线连接将信号发送到一块邮票大小的磁条上,而这块带有144个微电极的磁条就放置在这位病人的舌头上。当她的头偏斜时,电极就会在舌头上放电,像吃了跳跳糖一样,这种独特的模式可以反映出她头部运动的方位与角度。

7
终身学习者基本的基本

这位病人戴着头盔练习，逐渐重新训练自己的大脑和前庭系统。每次训练结束后，她保持平衡的时间都会拉长。

另一位35岁的男性患者在13岁时失明了。他的设备是装有小型摄像机的头盔，也可以向舌头发送脉冲信号。巴赫里塔解释说，人类看东西靠的不是眼睛，而是大脑。眼睛负责感觉，大脑负责解读。这套设备能够取得成效的原理在于，大脑可以学着从舌头上解读信号，就和视力一样。《纽约时报》报道了这一非凡的成果：病人"找到了房门，接住了滚向他的皮球，20年来第一次和自己的小女儿玩石头剪刀布。（他）表示，通过练习，替代的感觉器官越来越灵敏了，'就像大脑又重新恢复了功能一样'"。[7]

另一种场合也可以用到这种方法，就是飞行模拟训练。用电线将模拟器与飞行员的胸部相连，传输机舱仪器的度数，有助于他们的大脑感受到倾角与高度的变化，而这些变化在特定飞行状态下是无法被飞行员的前庭系统感知的。

我们大脑中的绝大部分是由神经细胞体组成的，它被科学家称为脑灰质。被称为脑白质的东西则是由连接组成的，也就是那些连接其他神经细胞体树突的轴突，以及包裹着某些轴突的蜡状髓鞘——它们就像电灯线上的塑料涂层一样。针对脑灰质与脑白质展开的研究有很多，因为人们希望了解大脑的这两种组成部分是如何塑造感知与运动技能活动的，以及我们的生活怎样改变了它们。脑成像技术近来飞跃发展，让这类研究取得了极大的进展。

认知天性

美国国家卫生研究院资助的"人类连接组计划"就是一项雄心勃勃的实验，旨在绘制出人脑中神经连接的图谱。（"连接组"这个词指代的是人类神经回路的结构，是为了和人类基因序列图谱绘制计划中的"基因组"一词对应。）参与这项研究的机构在网站上放出了脑纤维结构的图像，这些图像看起来非常惊人：大量线状的人脑轴突呈现出霓虹灯般的色彩，表明了信号传输的方向，看起来非常像20世纪70年代超级计算机中的大量线缆。早期的研究成果很有意思。加利福尼亚大学洛杉矶校区的一项研究对比了同卵双胞胎（基因几乎完全相似）与异卵双胞胎（仅有部分基因相似）的突触结构。这项研究证明了其他研究的假设，即心智能力的高低是由神经连接发展的强弱决定的。这种强弱初期在很大程度上是由基因决定的，但人的神经回路并不像身体发育得那么早，而是会持续变化，即便到四五十岁甚至六十岁的时候，神经回路仍在发展。连接成熟的一部分是轴突髓鞘逐渐加厚的过程。髓鞘形成一般是从大脑后部开始，逐渐发展到前部，等到成年时，会发展到额叶部分。额叶负责脑部功能的执行，也是处理高级推理、判断，以及经验技能的区域。

髓鞘的厚度对应着能力的强弱。研究倾向于认为，增加练习可以强化相关领域的髓鞘，加大电信号传输的速度与强度，人的成绩也能随之得到提高。举例来说，如果多练钢琴，和手指运动以及音乐创作相关的认知过程对应的神经纤维髓鞘就会加速生成，而不从事音乐工作的人就不会出现这种变化。[8]

对习惯养成的研究提出了一个关于神经可塑性的有趣看法。

7
终身学习者基本的基本

为了实现一个目标而采取有意识的行为用到的神经回路，与采取自发的、出于习惯的行为用到的神经回路并不相同。习惯驱使的行为是由大脑深层区域指导的，也就是基底神经节。当我们参加拓展培训，重复某种知识，尤其是调动运动技能和执行有先后次序的任务时，我们学到的东西被认为记录在了这一深层区域中，而这一区域也控制着眼动等潜意识行为。研究认为，在这种记录的过程中，大脑有时会把连续的运动与认知行为集合到一起，从而保证以单一单元的方式进行这些行为，也就是说，无须进行一系列有意识的决定，因为有意识的决定会大幅降低人的反应速度。如此一来，这些连续的行为就变成了反射式的——这些行为在一开始可能是我们为了达成某一目标而自学的，但之后它们会变成一种针对刺激所做的反射。有的研究人员会用"宏"（一种简单的计算机应用）这个词来描述大脑的这种集合功能，认为它是一种高效的、统一的学习形式。将各种行为集合起来，对于习惯的养成具有重要的意义。秉持这一看法的若干理论有助于解释为何在体育运动中，我们能发展出不用思考就可以应对突发事件的能力；也可以解释为何音乐家手指的移动速度可以超过他们的有意识思维；还可以解释为何国际象棋选手能学会预测无数种可能的走法，看穿棋局中的棋路。对于大多数人来说，你在打字的时候也能表现出同样的天赋。

人们发现，大脑中整合学习与记忆的区域——海马体——可以终生生成新的神经元，这是大脑会持续改变的另一个基本证据。这种现象被称为神经发生，在大脑受创恢复和人的终身学习能力上发挥了很大作用。神经发生与学习、记忆之间的关系尚属全新的研究领域,但科学家已经证明,联想学习这种活动(也就是学习并记忆无关事物间的关系,例如人的姓名与面孔)可以刺激海马体中生成更多新的神经元。神经发生的增加先于学习活动的进行,意味着大脑会主动学习,而且这种增加在学习活动完成后还会持续一段时间,意味着神经发生在记忆巩固上发挥了一定的作用,也说明有间隔的、花费精力的检索练习有长期性效果。[9]

当然,学习与记忆都属于神经处理过程。检索练习、有间隔的练习、演练、规则学习,以及建立心智模型都能提高学习与记忆水平。这些都是神经可塑性真实存在的证据,而且也符合科学家的认识,即巩固记忆是增加并强化神经通路的手段,人们在今后可以通过这些神经通路检索并应用所学的知识。用安·巴内特和理查德·巴内特的话来说就是,人的智力开发是"遗传趋势与生活经历之间的对话,将会持续一生"。[10] 本章的其余内容将讨论这种对话的本质。

性格、求知欲和家庭条件对学习的影响

智商是基因与环境共同作用的产物。就像身高一样,身高基本上是由遗传决定的,但经过数十年的营养改善,后代的身高会逐渐增长。同样,自 1932 年标准化采样工作启动以来,人们发现在全球所有实现工业化的地区,人类的智商都在持续升高。政治学家

詹姆斯·弗林是首个让大众关注这一现象的人，因此这种现象被称为"弗林效应"。[11]美国人的平均智商在过去60年里提高了18点。无论是哪个年龄段，参与智商测验人群的平均智商都记为100，所以前面提到的智商提高就意味着，今天的智商100相当于60年前的智商118——提高的是智商的平均值。若干理论解释了为何会出现智商升高的现象，其中一个重要的原因就是教育、文化（例如电视机的兴起）与营养都发生了极大的变化，影响了人们的语言能力与数学能力——智商测验考查的两大主要内容。

在《认知升级》一书中，理查德·尼斯贝特讨论了多年前不曾出现，但在现代社会中已经普遍存在的刺激因素。书中一个简单的例子是，几年前麦当劳儿童乐园套餐中的迷宫游戏，比过去针对天才儿童设计的迷宫智商测验还要难很多。[12]尼斯贝特还提到了"环境乘数"：爱打篮球的高个子孩子在这项运动上的熟练程度高于矮个子的孩子，即便两者有同样的天分；而一个好奇求知的孩子会比不那么好奇的孩子更有智慧，即便他们的聪明程度是一样的。知识学习的选择在指数式暴增。一个孩子比另一个更好奇，可能是很小的基因差异造成的，但在一个好奇心很容易被引发出来又很容易得到满足的环境中，基因的影响无疑被放大了很多倍。

另一个影响智商的环境因素是人的社会经济地位。一般来说，在那些有更多资源、教育条件更好的家庭中，激励与培养更容易实现。平均来看，富裕家庭的孩子在智商测验中的分数，要高于贫困家庭的孩子,而被富裕家庭收养的贫困孩子在智商测验中的分数,要好于那些没有被收养的孩子,无论这些孩子亲生父母的社会经济地位如何,结果都是如此。

关于智商能否提高的讨论充斥着争议。从科学严密性的角度来看,就这一问题展开的诸多研究也存在着巨大的意见分歧。2013年,一份有关提高幼儿智力的综述性论文发表面世,对这一问题进行了有益的阐释。论文作者采取了严格的标准甄选过往的研究:符合条件的研究必须要保证调查样本的普遍性,不能是特殊人群;在设计上必须体现随机性、实验性;能持续介入,而不是一次性干预了事,也不能操纵测验;要使用一种被广泛认可的、标准化的智力评估标准。他们关注的是从胎儿期到5岁的孩子,而符合标准的实验对象超过3.7万名。

研究人员发现,营养会影响智商。孕期妇女、哺乳期妇女及婴儿适当补充脂肪酸,可以将孩子的智商提高3.5~6.5点。某些脂肪酸有助于神经细胞的发育,而这些脂肪酸恰好是人体无法自己合成的。实验结果背后的理论是,补充这类营养可以促进新突触的生成。补充其他营养,例如铁元素和B族维生素,也有很大的好处,只不过还有待进一步研究认定。

就环境影响来说,论文作者发现早期教育可以将贫困孩子的智商提高4点以上。如果这种早期教育的介入是在集体环境中进行,而非在家庭中单独进行的,那么孩子的智商可以提高7点以上——家庭中的激励保证不了持续性。(这里的早期教育被定义为,在学前教育之前进行的环境刺激与系统性学习。)研究人员认为，家庭较为富裕的孩子可以在家中占据很多优势，因此他们从早期教育项目中获得的收效可能就不如贫困家庭的孩子。此外，和大众的看法不同的是，没有证据证明孩子参加这类项目时年龄越小，收效就越大。相反，正如约翰·布鲁尔提出的那样，证据显示智力开发并不局限于人生最初短短的几年。

  研究人员在若干认知训练方案中发现了智商提高的迹象。一旦低收入家庭的母亲得到支持，能向自己的孩子提供教育工具、图书及谜题，并接受了在家帮助孩子学习说话、认物的培训，孩子的智商就会提高。当孩子3岁的时候，低收入家庭的母亲如果接受培训，能够经常同孩子用心地聊天，并提出许多开放性的问题，孩子的智商也会提高。给4岁或更小的孩子念书可以提高他们的智商，如果孩子能主动参与阅读，在家长的鼓励下用自己的话复述，那么效果会更好。在4岁以后，给孩子念书起不到提高智商的作用，但仍可以加速开发孩子的语言能力。学前教育可以将孩子的智商提高4点以上，如果学校能提供语言培训，就可以提高7点以上。同样，没有证据证明早期教育、学前教育及语言培训能提高富裕家庭孩子的智商，因为他们已经拥有了良好环境的优势。[13]

脑力训练可以提升学习自信

脑力训练游戏的效果如何？我们见证了一门新生意的兴起，它声称大脑就像肌肉一样，可以通过网络游戏和视频来训练，从而打造人的认知能力。这类产品大部分都基于 2008 年报道的在瑞士进行的一项研究,但这项研究的范围非常窄,而且成果无法重现。[14] 它关注的是改善"流体智力",也就是抽象推理、理解不熟悉的关系,以及解决新问题的能力。组成智商的智力有两种,其中之一便是流体智力;另一种是晶体智力,即人们从多年经验中积累下来的知识集。我们可以通过有效的学习与记忆方法来提高自己的晶体智力,但流体智力要怎么提升呢?

决定流体智力的一个关键因素是工作记忆的容量大小:一个人在解决一个问题时(尤其是在有干扰的情况下),能在头脑中记住新概念与新关系的数量。以上研究主要是让参与者完成一些任务,而这些任务对工作记忆的要求会越来越高,也就是让实验参与者记住两种不同的感官刺激,从而保证他分心的时间越来越长。其中一种刺激是一连串数字,另一种则是在屏幕不同位置出现的方形光点,光点的位置与数字每三秒就会变化一次。实验参与者的任务是在观察数字变化与光点变换位置的同时,判定每种数字与光点的组合是否在 n 次重复前出现过。次数 n 会随着实验时间的增加不断增加,逐步给工作记忆增添更大的难度。

在实验开始前,所有参与者都进行了流体智力测验。然后,在最多 19 天的时间里,参与者要练习他们的工作记忆,而且难度会逐渐加大。在培训结束后,他们要重新测验流体智力,所有参与者的成绩都好于培训之前,那些参与培训时间最长的人进步最大。这些结果首次证明了流体智力是可以通过训练提高的。

7
终身学习者基本的基本

那么，批评的意见是什么呢？

参与者较少（只有35人），而且都出自一组背景相似的高智商人群。此外，研究仅关注了一项培训任务，所以不能确定其他的工作记忆培训任务是否也能得出类似结论，也无法确定这些结果是否真正与工作记忆有关，而不是和这一特定培训的某些特质有关。最后，成绩提高的持久性无法保证，而且正如前面所说的，这些结果无法在其他研究中重现。所谓科学理论，其根基就在于实证研究结果的可复现性。网站 PsychFileDrawer.org 记录了20项用户最想看到结果重现的心理学研究，瑞士的这项研究排名第一。2013年发布的一份报告显示，近期的一次尝试也未能找到证据证明，重复瑞士研究中的练习可以提高流体智力。不过有趣的是，该研究的参与者相信，他们的心智能力有所改善，作者则称这是一种幻觉。然而作者也承认，主观能动性的增加有助于人们用更大的毅力解决难题，因为他们相信自己的能力已经通过培训提高了。[15]

大脑并不是肌肉，因此强化某一项技能不会让其他技能自动得到提升。就练习过的资料与技能来说，使用检索练习与构建心智模型一类的学习方法与记忆方法的确可以提高人们的能力，但这种益处无法让人精通其他的资料或技能。对专业人士大脑的研究显示，大脑中和这一专长有关的区域才会出现轴突髓鞘强化的现象，其他区域则不会出现。钢琴演奏家脑中的髓鞘形成变化仅限于钢琴演奏家。但是，让实践成为习惯的能力是普遍性的。至于研究参与者声称脑力训练提高了一个人的自信与主观能动性，这种益处更有可能来自良好的习惯，例如学习如何专心致志、持之以恒地做事。

理查德·尼斯贝特指出，环境"乘数"可以把很小的基因因素放大，产生巨大的效果：基因决定了一个孩子只是比其他孩子稍微好奇一些，但如果环境能满足他的好奇心，那么这个孩子就可以比其他孩子聪明许多。反着看这条理论，既然无法快速提高智商，那么有没有策略或做法可以当作认知"乘数"，放大目前的智力水平呢？的确有三种：抱有一种成长心态、像专家那样练习，以及建立记忆线索。

想要终身成长，请像专家一样思考

老话说："自以为能或不能，都有道理。"如果说真有什么比才智更重要，那当然要算态度了。心理学家卡罗尔·德韦克的研究引发了诸多关注，因为她正好证明了只是信念，就可以在很大程度上影响学习与成绩，也就是说，你要相信智力水平不是固定的，而是在很大程度上掌握在自己手中。[16]

德韦克和她的同事的很多研究成果都得以重现和拓展。在一个早期的实验中，她为纽约市七年级成绩较低的学生开办了一间工作室，向他们讲授有关大脑的知识以及有效学习的技巧。半数人拿到了一份有关记忆的幻灯片，另外半数则知晓了努力学习会如何改变大脑：当你用功学新东西的时候，大脑会形成新连接，假以时日就会让你变得更聪明。后一组人被告知，开发智力并不是让智力自行发展，而是要通过努力和学习在大脑中形成新连接。在完成工作室的课程后，这些孩子重新回到课堂之中，但他们的教师并不知道其中一些人学到了刻苦学习可以改变大脑。在学年结束时，与秉持传统观点、认为智力水平在出生后就已定型的前一组"固定心态"的孩子相比，那些采纳了被德韦克称为"成长心态"、相信智力在很大程度上受自身控制的后一组学生，成了更主动的学习者，进步也更大。

好奇心驱使德韦克展开了研究。她一直想知道为何有人在面临挑战时会变得无助并走向失败，有人则能尝试新策略，加倍努力，从而应对失败。她发现，这两种人之间存在着一个根本的区别，那就是他们看待失败的原因不同。那些将失败归咎于本身无能的人——说"我就是不够聪明"的人——会变得无助；而那些认为失败是努力不够或策略不对的人则会深入发掘，尝试不同的做法。

德韦克发现，有的学生以成绩为目标，而有的学生则以学习为目标。对于前一种人来说，他们努力是为了证明自己的能力。对于第二种人来说，他们努力则是为了学到新的知识或技能。追求成绩的人会在无意识中限制自己的潜力。如果你在意的是证明或显示自己的能力，你就会挑选那些自己有信心克服的挑战。你想在他人面前表现得很聪明，因此你会一遍遍地重复自己擅长的东西。但如果你的目标是提高自己的能力，你就会选择难度不断加大的挑战，而且会把挫折理解为有用的信息，从而集中注意力，更具创造力，也更加努力。"如果你想反复演示某件事，'能力'就好像在你的体内静止下来一样；如果你想提高自己的能力，那么它就会活跃起来，变得具有可塑性。"德韦克说。以学习为目标激发的思路和行动，与以成绩为目标激发的完全不一样。[17]

矛盾的是，对于某些明星运动员来说，关注成绩反而会导致发挥失常。人们常称赞他们是"天生的"运动员，而他们自己也认为成绩是由天赋决定的。如果他们真是所谓"天生的"运动员，顺着这个思路想下去，那他们又何必努力训练呢？他们应该不用训练才对，因为需要训练正好证明了他们的天赋不够优秀，根本达不到标准。关注成绩而忽视学习与发展让人不敢冒险，而过于关注自己的形象，就会害怕别人说自己必须竭尽全力才能取得不错的成果。

德韦克的工作延伸到有关赞扬的领域，研究赞扬对人们应对挑战的方式有什么影响。其中的一个案例是，一组五年级的学生每人解一道谜题，有的学生在解开谜题后被赞扬很聪明，有的学生在解完后被称赞很努力。然后，研究人员让这些学生选择另外的题目：要么与上一次难度相同，要么更难，但可以在让他们付出更多努力后学到东西。多数被赞扬很聪明的学生选择了简单的题目，90% 被称赞很努力的学生选择了困难的题目。

这个实验可以调整成，学生从汤姆和比尔两个人那里领取题目。汤姆给学生的题目是努力就可以解答的，而比尔的题目是无解的。每个学生都要从汤姆和比尔那里领取题目。在解题之后，有的学生被称赞很聪明，有的则被夸奖很努力。在第二轮实验里，学生要从汤姆和比尔两个人那里领取更多的题目，这次的题

7
终身学习者基本的基本

目都是有解的。结果令人惊讶,那些被称赞很聪明的学生几乎没人能解开比尔的题目,而这些题目与先前他们解过的、从汤姆那里领取的题目完全一样。那些认为聪明最重要的学生在第一轮没有解开比尔的题目(第一轮比尔的题目本身无解),就会渐渐产生一种挫败和无助的感觉。

当被夸奖智商高的时候,孩子就会得到这样一种信息,即被看成聪明人才是游戏的关键。"强调努力是在给予孩子一种他们能控制的变量,对于孩子来说,这样的变量很稀有。"德韦克说,"强调天生的智力则是将它置于孩子的控制之外,对于应对失败来说没有好处。"[18]

保罗·图赫在他的新书《性格的力量:勇气、好奇心、乐观精神与孩子的未来》中,借鉴了德韦克与他人的研究成果,解释了为何取得成功更多的是靠勇气、好奇心与坚持,而不是智商。成功的关键因素是让孩子从小面对困难,学着克服困难。图赫写道,社会最底层的孩子面临的挑战很多,极度缺乏资源,以至于他们没有体验成功的机会。但是反过来说,处于社会顶层的孩子一旦面临困境,就有家长驾着直升机来帮忙,他们从不被允许失败,也没有靠自己的力量克服过困难。他们同样没有体会过塑造人格的过程,而这种过程对今后生活中的成功至关重要。[19] 出生于第三垒①,长大也一直认为自己完成了三垒安打的孩子,不

---

① 三垒是棒球运动中最后一个防守位,在文中指代天赋高。而三垒安打指在棒球比赛中,打者一口气跑上三垒,不含守备失误,通常是所有安打中最难出现的。——编者注

太可能会接受那些能让他发现自己全部潜力的挑战。在意自己在别人眼中聪明与否，会让人避免承担生活中的风险：无论是那些能激发其志向的小风险，还是那些为了成就卓越而做出的大胆、有远见的举动。就像德韦克告诉我们的那样，失败让人获得有用的信息，也让人有机会发现自己在竭尽全力时能做到什么。

德韦克、图赫，以及他们的同事在这一领域的工作告诉我们，自律、勇气及成长心态这些素质才让人敢想敢做，具备创造力与毅力，从而获得更多的学问和更大的成功，而智商在这方面起的作用要小得多。德韦克说："只有在受活性成分驱使时，学习与钻研的技能才不至于荒废。"这里所说的活性成分容易理解却意义深刻，那就是提高能力的动力在很大程度上是由你自己掌控的。

学习执行力比学习技巧更重要

无论见识过哪个领域——钢琴、象棋、高尔夫的专家，你或许都会惊叹，他们的能力必定是天分使然。但是，专业人士的表现也并不总是出自某些基因因素或智商优势。在安德斯·艾利克森看来，他们的优异表现多来自数千小时积累的刻意练习。如果说反复做某事可以被称为练习，那么刻意练习就是另外一种完全不同的东西：它是目标导向的，通常要独自进行，而且要反复努力超过目前的水平。不管在哪个领域，专业人士的表现都被认为归功于大量复杂模式的缓慢积累。专业人士要具备知识，知道在不同的情况下应该采取怎样的行动,模式就是用来存储这些知识的。以一名国际象棋冠军为例,他在研究棋局的时候,可以想出许多走法,每一种走法都会在心里积累下来。其中的努力、失败、思考与不断尝试就是刻意练习的特点,它们打造出了新的知识、生理上的适应性,以及复杂的心智模型,从而让人超越以往的水平。

米开朗琪罗在西斯廷教堂的穹顶上绘制了400多幅真人大小的画像。据称,他在完工时写道:"如果人们知道我为了精于此事付出了多少心血,整个事情看起来就不那么美妙了。"在崇拜者眼中,这是超常天赋的体现,实际上却是4年艰苦卓绝的虔心工作造就了这一杰作。[20]

刻意练习通常毫无乐趣可言,而且对于大多数学习者来说需要在教练或培训者的指导下进行。他们可以帮助学习者找出需要提高的环节,把学习者的注意力集中到特定的方面,并提供反馈以确保判断和认识的准确性。刻意练习中的努力与坚持会改造大脑与生理机能,使之适应更出色的表现,但你只能成为一个领域的专家——刻意练习不会带来优势或益处,让你在其他领域拥有专长。一个关于用练习改造大脑的简单例子就是治疗手局部肌张力障碍。这种综合征会出现在一些吉他手和钢琴师身上,他们的反复练习会改造大脑,让大脑以为两根手指已经融为一体。通过一系列具有难度的训练,他们可以逐渐恢复单个手指的能力,使两根手指重新分开活动。

专业人士有时会被认为拥有一种神秘的天赋。其中的一个原因是，有些人在自己擅长的领域里，能先观察一套复杂的行为，然后通过记忆复现这套行为中的每个环节，做到分毫不差。莫扎特只需听一遍曲子，就能把乐谱写出来，并因此出名。但艾利克森说，这种技能并非来自第六感，而是因为专业人士多年来在相关领域里积累了知识与技能，培养出了超常的感知与记忆能力。大多数专于某一领域的人到生活中的其他领域，也只是表现平平的人。

艾利克森从研究中发现，成为某个领域的专家，平均要在专业上投入一万小时或十年的练习时间，而其中最为出色的人把大部分时间花在独自进行刻意练习上。这里主要想说明的是，专家级的表现需要高质量的练习，而不是靠遗传因素。另外，对于普通人来说，想成为专家并不是什么不可能的任务，只要你有动力和时间，并能强迫自身去实现这一点。

掌握几个适合自己的记忆方法

前面提过的助记手段，是指一些有助于在记忆中保存资料、留下线索以备回忆的心理工具。（"助记"一词派生自"摩涅莫绪涅"，她是希腊神话中的九位缪斯女神之一，司掌记忆。）首字母缩写就是一种简单的助记手段，例如"ROY G BIV"[1]代表彩虹的颜色；

---

[1] "ROY G BIV"即红（red）、橙（orange）、黄（yellow）、绿（green）、蓝（blue）、靛（indigo）、紫（violet）。——编者注

7
终身学习者基本的基本

反向缩写也是,例如"I Value Xylophones Like Cows Dig Milk"代表古罗马数字1到1 000的升序排列(例如:V=5,D=500)。

记忆宫殿是一种更为复杂的助记手段,可以用来组织并记忆大量资料。它基于轨迹记忆法,这种记忆法可以追溯到古希腊,指将心中的形象与一系列实体位置联系起来,建立记忆线索。举例来说,你可以想象自己身处一个非常熟悉的空间,例如你的家中,然后把空间里具有明显特点的地方——如躺椅——和想要记住的事情的视觉形象联系起来。(当你想着躺椅的时候,你可以想象有一个身形柔软的人在上面做瑜伽,从而提醒自己要去补上瑜伽课。)你的家里可以联系无数个视觉线索,在以后检索记忆的时候,你只要想象自己在房子里走一圈就可以了。如果要按一定的顺序回忆资料,那么你需要按照在房子里走的路径安排记忆线索。(想要使用轨迹记忆法,你也可以把线索和一段老路上的地点联系起来,例如街角的超市。)

就在我们写这一段文字的时候,一组牛津的学生正在建造记忆宫殿,为高级水平心理学考试做准备。在6周的时间里,他们与指导者每周都会去一间不同的咖啡馆喝咖啡,熟悉那里的布局,讨论如何利用想象在咖啡馆里安插形象的人物,并以此作为线索,记忆考试时需要的心理学内容。

在继续讨论这些学生之前,我们首先要简单介绍一下这种技巧,它的效果十分显著。其原理是视觉形象可以建立到记忆的联系,而这些联系是生动的、有关联的。人类记忆图片的效果总要好过记忆字词。(例如大象的照片可比"大象"这个词好记多了。)

所以，把心中生动的形象和言语或抽象资料联系起来，可以更轻松地在记忆中检索资料，是有道理的。一个深刻的心理形象好比用线穿起一大串鱼，既可靠又可观，只要一拎起来，整天的收成就能看得一清二楚。当朋友提起你们在路上聊过的一个人时，你很难想起具体的情况。然后他告诉你是在哪里聊起来的，你会在心中想出这个地方的样子，此时记忆一下子就全回来了。形象就是记忆的线索。[21]

在《哈泼斯杂志》的一篇文章里，马克·吐温写过自己经历的这种现象。在巡回演讲的时候，他有一份罗列内容节选的清单，用来在演讲的不同环节提醒自己，但他发现这种方法的效果不好——如果只是匆匆一瞥文本的片段，它们看起来都差不多。他尝试了其他的方法，最后想出了一个主意，那就是用一系列铅笔草图把演讲大纲画出来。草图的效果很好。于草堆的下面画一条蛇，是提示他要从什么地方开始讲自己在内华达州卡森谷的冒险；一把伞迎着狂风，就会让他想起自己的另一个故事：每天下午2点前后从谢拉山上吹来的大风，诸如此类。这些草图唤醒了马克·吐温那些深刻的记忆，有一天，他想出了一个主意，帮助他的孩子们记住难背的英格兰国王与女王。保姆已经花费了很长时间，用单纯重复的方法让孩子们记住这些名字和年代，但就是没有用。马克·吐温想到，要把这些王朝的顺序视觉化。

> 当时我们住在农场。门廊前面是一段平缓的下坡，通往低处的围篱，然后又是上坡，一直到我的小工作

7
终身学习者基本的基本

室。这里有一条小路,弯弯曲曲一直延伸到小丘上。我在路旁打上桩子,在上面标出英格兰君主的名字,从"征服者"(威廉)①开始。孩子们站在门廊上就可以清楚地看到每一个王朝,以及它存在的时间,从诺曼征服时代一直到维多利亚时代,然后是女王在位的第46年——英格兰817年的历史一览无余!

我沿路量出了817英尺长的距离,1英尺代表1年。在每个王朝开始和结束的地方,我都会打下一根3英尺高的白松树桩子,在上面写出君主的名字与年代。

马克·吐温和孩子们一起给每位君主画了草图:用鲸鱼代表征服者威廉,因为威廉和鲸鱼两个词的首字母都是"W"②,而且"鲸鱼是海里最大的动物,威廉则是英格兰历史上最了不起的人物";母鸡则代表亨利一世③,以此类推。

这条"历史之路"给我们带来了很多欢乐,同时也帮助我们练习。我们从"征服者"那里出发,一路小跑,一边跑一边学习,孩子们则讲出君主的名字、年代及在位时间……我激励孩子们不要把事情和"藤架""橡木林""石阶"联系起来,而是讲这些事情发生在布卢瓦

---

① "征服者"威廉即威廉一世。——译者注
② 威廉的英文是William,鲸鱼的英文是whale。——编者注
③ 母鸡的英文是hen,亨利的英文是Henry。——编者注

王朝,发生在英联邦王国成立之后,发生在乔治三世时期。孩子们轻松地养成了习惯。让这条长路精准地对应英格兰王朝,对于我来说也有一大好处。因为我有将书或文章到处乱扔的毛病,而且之前一直没法准确地记起它们在哪里,经常要自己去找。但是现在我可以想起把书稿放在什么地方了,只要让孩子们帮忙去拿就好,省了很多麻烦。(22)

格律也可以作为助记工具。字钩法就是用来记住一系列事情的格律。从1到20的每个数字都对应着一个韵脚以及具体的形象:1是圆发髻(bun),2是鞋子(shoe),3是树(tree),4是商店(store),5是蜂巢(hive),6是戏法(tricks),7是天堂(heaven),8是大门(gate),9是捆绳(twine),10是钢笔(pen)。[等到10以后,你可以加上"1分钱"(penny-one),然后用三个音节的线索词从头再说一遍:11就是"1分钱,太阳暗"(penny-one,setting sun);12就是"2分钱,胶水粘"(penny-two,airplane glue);13就是"3分钱,蜂蜜甜"(penny-three,bumble bee),以此类推,一直到20。]① 你可以用韵脚让形象具体化,就像钩子"勾"东西一样,把你想记住的东西勾在钩子上。你记住了这20个形象,无论什么时候你想记一连串东西,都可以用到它们。当你要出门逛一圈的时候:发髻(也就是第一

---

① 这里指英文单词的韵脚,例如3的英文是"three",与树的英文"tree"同韵。——译者注

件事）会让你想起一种发型，这就提醒你要买一顶滑雪帽；鞋提醒你要穿戴整齐，你就会记得去干洗店；树让你想起家谱，那就该给堂兄买生日卡了。押韵的那个形象保持不变，但每次联想的东西都可以变化，这样你就可以记忆新东西了。

熟悉的歌曲也是一种助记手段：把每小节的歌词和一个形象联系起来，同时这个形象又是检索有用记忆的线索，就能起到帮助记忆的作用。按照对蒙古帝国以及成吉思汗研究颇深的历史学家和人类学家杰克·威泽弗德的说法，传统诗歌似乎一直被当成助记手段，用来跨过遥远的距离，把消息准确地从蒙古帝国的这一端传递到另一端。军队禁止发送书面消息，当时的军队如何沟通，到现在仍然是谜，不过威泽弗德认为助记手段可能是一种方法。他指出，例如描述骏马奔腾的蒙古长调，在唱的时候有多种音调和颤音，如此就可以协调军队移动到特定的地点，比如草原上或丘陵间的一处十字路口。

助记手段的种类几乎是无穷的，但不管什么形式——编号、线路、平面图、歌曲、诗词、谚语、缩写，它们的一个共同之处就是，这些形式的结构都为人所熟知，而且其中的元素可以轻松联系到需要记忆的目标信息上。[23]

回到前面提过的备考高级水平考试的心理学学生身上：在牛津贝勒比斯学院的教室里，一位18岁的黑发女生在做心理学A2试卷，我们暂且叫她玛丽兹。在3个半小时、分为上下两场的考试中，她要根据课程写5篇短文。英国的高级水平课程相当于美国的大学先修课程，是为考大学的学生准备的。

认知天性

玛丽兹的压力很大。首先，她的考试分数决定了她能不能上自己报考的学校——伦敦经济学院。想要在英国上一流大学，学生必须参加3个科目的高级水平课程，而且大学会提前发布他们必须修满的学分。要求每门课都必须是A并不是什么新鲜事。如果学分不够，他们就要在困难的补录流程中互相竞争，大学通过这套流程来填补生源缺口。

如果这样做的压力还不够大，那么接下来的一个半小时里所涉及的知识考查范围绝对会让人喘不过气。玛丽兹必须准备大量资料，来表明自己对所考查知识的掌握程度。在高级水平课程的第二年里，她和同学已经学习了6个课题：饮食行为、攻击性、关系、精神分裂症、异象心理学[①]，以及心理学研究方法。对于前5个课题，她必须就每个课题中7个不同的问题撰写文章。每篇文章必须用12段精练且论据充分的文字阐述心理学问题的答案，内容可以包括论点或条件、已有的研究及其重要性、相反的意见、任何生理疗法（例如针对精神分裂症），以及这些与她在第一年高级水平课程中学到的基本心理学观点有何关联，以证明自己对课程的掌握。换言之，她必须掌握35篇各不相同的文章，以及一系列有关心理学研究方法问题的简洁答案。玛丽兹知道今天考试的范围，但不知道具体出哪些题目，所以她必须做好万全的准备。

到这个节骨眼上，很多学生都会不知所措。虽然他们对资料的掌握很扎实，但在接触到空白试卷，面对一分一秒逝去的时间

---

① 异象心理学研究的是与超自然现象有关的人类行为与体验。——译者注

时，考试的压力会让他们的大脑一片空白。如果考生能事先建立起一座记忆宫殿，这时就相当有用了。你不用理解英国高级水平考试有多么复杂，只要知道这些考试非常难，而且非常重要就够了，这就是为什么助记手段是一种非常受欢迎的考试工具。

今天考试的3个课题分别是人类攻击行为的演化解释、精神分裂症的心理与生理疗法，以及节食的成功与失败。就攻击行为来说，玛丽兹在城堡街Krispy Kreme甜品店的窗户旁记下了母狼与饥饿幼崽的形象；就精神分裂症来说，她在商业街的星巴克里记下了摄入太多咖啡因的咖啡师的形象；至于节食，那就是谷物市场街Pret-a-Manger餐厅里一盆大得出奇、极具攻击性的植物。

好极了。她确信自己学扎实了，而且有能力把这些知识回忆起来，于是便坐在座位上。她先从节食的文章写起。Pret-a-Manger餐厅就是玛丽兹的记忆宫殿，保管着她学到的有关节食成败的知识。她在考试前实地走过一圈，所以对餐厅的布局与陈设了如指掌，并且在那里添加了自己非常熟悉的人物角色。现在这些角色的名字与动作就成了线索，可以帮助她回忆起写文章需要的12个要点。

玛丽兹在想象中走进店内。那株蕨类植物（她最喜欢的恐怖电影《绿魔先生》中的食人植物）抓住了她的朋友赫尔曼，他被藤蔓紧紧缠住（restrain），够不到面前的一大盘汉堡（Mac）和奶酪。玛丽兹打开试卷，提笔写道："赫尔曼与迈克（Mack）的约束（restrain）理论指出，尝试避免暴饮暴食可能反而会增加暴饮暴食的概率，也就是说，处在约束中的用餐者，去抑制（失控）

才是其吃得太多的原因……"

以这种方式，玛丽兹穿过脑海中的餐厅，继续写她的文章。赫尔曼一声大吼（roar）挣脱了束缚，直线（bee）逼近餐盘，拼命吸入（inhale）意大利面，肚子都要撑爆了。"沃德尔（Wardle）与比尔（Beale）的研究支持了约束理论，发现限制自己饮食的肥胖女性实际上吃得更多（与吸入意大利面联系），她们的食量要超过那些进行锻炼的肥胖女性，也超过那些未改变自己饮食习惯与生活方式的人。然而，奥格登认为……"文章继续下去，玛丽兹的意识沿着顺时针方向在餐馆中徘徊，找到了有关饥饿与饱餐界限模型的线索，找到了文化中有关肥胖的偏见，发现了根据逸事证据得出的节食数据问题，还有与脂蛋白脂肪酶水平[①]（"小块粉色柠檬"）较高有关的新陈代谢差异，以及其他内容。

从 Pret-a-Manger 餐厅出来，她接着来到 Krispy Kreme 甜品店，新的意识之旅与攻击行为的演进解释有关，店内的陈设给予了她联想回忆的线索。然后她来到了星巴克，疯狂的咖啡师、店铺格局和顾客让她找到了线索，完成了关于精神分裂症生理疗法的 12 段文字。

玛丽兹在贝勒比斯学院的心理学教师正是詹姆斯·帕特森，这个娃娃脸的威尔士人刚刚在世界记忆力锦标赛中崭露头角。[(24)] 贝

[①] 脂蛋白脂肪酶水平的英文是 lipoprotein lipase levels，而小块粉色柠檬的英文是 little pink lemons。——编者注

勒比斯学院的教师在申请带学生实地考察的时候，通常会选择前往赛德商学院听一场讲座，或是前往牛津的阿什莫尔博物馆或博德利图书馆参观，帕特森却不是这样。他的申请更多是想带学生去城里几家不一样的餐馆，那里有舒适的环境，他们可以展开想象，打造自己的助记方案。为了让学生把35篇文章的内容牢牢记住，他们会分成几个小组讨论课题。一个小组在餐馆和贝勒比斯校园里熟悉的地点搭建记忆宫殿，另一个小组使用字钩法，其他小组则把课题和歌曲、电影中的形象联系起来。

我们要重点说明的是，在帕特森带学生进行助记旅行搭建记忆宫殿之前，他已经在课上详尽地讲解了资料，好让他们充分理解。

在帕特森教过的学生里，一个叫金成铉的毕业生继续在大学里运用这种技巧。她告诉我们自己如何准备大学水平的心理学考试。首先，她从教学幻灯片、课外阅读及笔记中收集所有资料，把材料整理成核心观点——并不是逐字逐句摘抄。接下来，她要选择一个地方作为自己的记忆宫殿，把每个核心观点和宫殿中的一个位置对应起来，在脑海中完成可视化。然后她在每个位置添加一些疯狂的东西，以联系各个核心观点。当坐在考场看到题目时，她会先用10分钟的时间，让意识在相关的记忆宫殿里走一圈，列出写文章需要的核心观点。如果忘记了某一点，她会先写下其他点，等过后再补充空白。等大纲草拟完成，她便开始动笔，忘掉一些东西并不会让她产生压力。[25]她的这种做法与马克·吐温用草图记忆演讲内容并没有什么区别。

金成铉说,在学习助记方法前,她从未尝试跳过某个想不起来的要点,等过后再补充,但这些助记技巧让她很有信心,因为她知道漏掉的内容随时会被回忆起来。记忆宫殿不仅是一种学习工具,还是一种将所学组织起来,以便在写文章的时候随时检索的方法。这种方法的核心就在于此,而且反驳了助记手段只能用在死记硬背上的观点。相反,只要使用得当,助记手段有助于组织大量的知识,便于人们检索。金成铉相信自己能在需要的时候想起知道的东西,帕特森说这可以有效地缓解压力,并节省时间。

需要指出的是,Krispy Kreme 甜品店和星巴克并不是宫殿,但人可以想出很多奇妙的东西。

2006 年,还是新手的帕特森在首次参加世界记忆力锦标赛时获得了第 12 名的好成绩,稍稍胜过美国选手乔舒亚·弗尔(弗尔后来出版的一本名叫《与爱因斯坦月球漫步》的书,讲述了自己使用助记方法的经历)。帕特森可以在 2 分钟的时间里把一副牌洗好并记住牌的顺序,而且还能闭着眼睛把顺序背诵出来。如果有 1 小时的时间,他就可以记住 10 套或 12 套牌,把它们分毫不差地背诵出来。记忆高手可以在 30 秒或更短的时间里记住 1 套牌,在 1 小时里最多可以记住 25 套牌,所以帕特森和顶尖记忆高手还有一定的差距。但他意志坚决、很有劲头,就是要锻炼自己的技能和记忆工具。一个足以说明他的决心的例子是,就像字钩法靠形象记忆数字 1~10 一样(1 是发髻,2 是鞋子,等等),为了记住尽量长的字串,帕特森坚持为数字 0~1 000 建立不同的形象帮助记忆。要达到这一目标,他需要专心致志地练

7
终身学习者基本的基本

习很长一段时间——也就是安德斯·艾利克森告诉我们的,要达到精通,就需要独自一人努力很长时间。帕特森用1年的时间记牢了这1 000个形象,同时他还要兼顾家庭、工作与亲朋好友,付出的努力可见一斑。

我们在学校的办公室里见到了帕特森,问他能不能向我们演示一下自己的记忆本领,他爽快地答应了。我们立刻随机写出了一串数字:615392611333517。帕特森仔细地听完后,说道:"好的,我们就用这个地方。"他看过四周摆放的物品,说:"我把这台饮水机看成太空飞船,它就要发射了,正好赶上一辆地铁从饮水机下开出来。在饮水机后面的书架里,我看到饶舌歌手埃米纳姆正在拿枪和电影《白头神探》里的莱斯利·尼尔森对射,'神探可伦坡'则觉得他们太无聊了。"[26]

这一堆想象有什么用呢?帕特森把那一长串数字分成每三个一组,每个三位数都被赋予了一个独特的形象:数字615是太空飞船,392是伦敦地铁的堤岸站,611是莱斯利·尼尔森,333是埃米纳姆,517是"神探可伦坡"。要想理解这些形象的意义,你需要明白帕特森的另一种基础助记手段:对于数字0~9,帕特森有10个语音与每个关联。数字6的发音就是"Sheh"或"Jeh"的发音,1就是"Tuh"或"Duh"的发音,5念起来则是"L"的发音。所以,615这个数字的形象就是"Sheh Tuh L",连起来念就成了"太空飞船"(shuttle)。从000到999,每个三位数在帕特森的头脑中都有独特的形象,代表着这些发音。拿我们这道随意给出的题目来说,除了太空飞船,他还有以下形象:

392	3 = m, 9 = b, 2 = n	堤岸（embankment）
611	6 = sh, 1 = t, 1 = t	射出（shootout）
333	3 = m, 3 = m, 3 = m	埃米纳姆（Eminem）
517	5 = l, 1 = t, 7 = c	"神探可伦坡"（Lt Columbo）

在记忆力锦标赛的记数环节中，数字被大声地念给参赛者，频率是每秒钟一个数字。帕特森能毫无差错地记住并背出74个数字，通过大量练习，他还能提高。（"我的妻子说她成了记忆寡妇。"他说。）不靠助记工具，大多数人能在工作记忆中保留的数字最多大约是7个。这也就是为什么美国州内的电话号码被设计成不超过7位数。顺便提一下，在本书写作时，记数——心理学家称之为记忆广度——的世界纪录是364位（纪录的保持者是德国的约翰内斯·马洛）。

帕特森承认，他一开始对助记手段感兴趣，是因为这能给他的学习带来方便。"这算不上什么高尚的动机。"他说。他自学这些技巧是为了偷懒，想在考试的时候轻松记起所有的人名、年代和相关的事件。

不过他发现，自己没有掌握概念、关系与基本原理。比如，他知道山峰的存在，但看不到山脉的走向、山谷、河流、植物和动物——只有这些才能填补系统知识中的空白。

从某种程度上来说，助记手段只是操纵记忆的小伎俩，而不是能从基础上增加知识的工具，其效果有时会打折扣。助记手段可以提高知识水平，但这种价值只有在掌握了新资料之后才能体现出来，正如贝勒比斯学院学生的使用情况一样：它们是便利的心智口袋，装着已经学到的知识，把每个口袋中的主要观点和形象的记忆线索联系起来，就可以让学生易于提取，并在需要的时候随时深入检索相关概念与细节。

飞行员布朗在讲述自己模拟飞行的经历时，还会自然地做出手部动作，演示紧急情况下的操作流程。这些动作强化了他对各种紧急情况应对措施的记忆，以及手眼在特殊情况下的协调过程，其中的关键之处在于记住正确的、完整的仪器操作顺序。每一次的"空手"演练，都可以被看作一种助记手段，有助于他记住修正飞机姿态的操作。

卡伦·金是一名资深的小提琴演奏家。在接受本书作者的访问时，她在世界知名的"Parker Quartet"乐队担任第二小提琴手。仅凭记忆，金就能演奏很多乐曲，这在古典音乐领域是很少见的。第二小提琴手大部分时间都在伴奏，和声的助记工具就是主旋律。"在心里唱出主旋律，你会知道主旋律进行到了特定的位置，就该换和声了。"金说。[27] 一些作品的和声很难记忆，就拿赋格曲来说，主旋律会多达 4 段，由不同的乐手来回演奏，相当复杂。"你要知道，在我演奏第二段主旋律的时候，你要演奏第一段主旋律。记住赋格曲非常困难，我要更加了解其他人的演奏部分。然后，我开始从中发现以前见过的模式，但不是说我要听着旋律，等着那一部分出现。记住和声，是了解乐曲整体结构的主要工作，相当于绘制了一份乐曲地图。"当乐队练习新曲目的时候，他们会花费很长时间，在没有乐谱的情况下缓慢地演奏，再逐渐加速。你可以回想文斯·杜利在佐治亚斗牛犬橄榄球队的执教方式：在球员们调整战术，准备迎战周六晚上的新对手时，他一步步地把不同位置球员的战术跑动同步起来。神经外科医生迈克·埃伯索尔德也是一样：在急诊室里检查中枪的伤者时，他会系统地思考自己在即将进行的脑外科手术中可能遭遇的情况，预演自己的操作。

把身体的动作模式看作一种排演，把复杂的旋律视觉化，就像一个在球员手中不停传递的橄榄球，"看懂关于它的地图"，都是记忆与表现的助记线索。

通过不断的检索，复杂的资料也能和人合为一体，这时我们便不再需要助记线索了：比如你把牛顿三大运动定律这类概念整合成了心智模型，而这些心智模型可以信手拈来。通过反复使用，大脑会将运动与感知活动的顺序编码，整理成"块"，回忆并应用这些行为就变成了自然而然的习惯。

7 终身学习者基本的基本

小 结

本章讲述的是非常简单，但又相当深刻的道理：努力学习会改变大脑，为大脑建立新的连接，扩展你的能力。我们的智力水平并非天生已定，而在很大程度上由我们自己发展。对于那些唠唠叨叨，总是问"为什么要费这种事"的人来说，这个事实就是一记响亮的耳光。我们之所以努力，是因为努力本身能拓展我们的能力。你所做的事情决定了你会成为什么样的人，决定了你有能力做什么。你做的事情越多，你能做的事情也就越多。只要保持一种成长心态，你就可以接受这个道理，终身受益。

另外，一个简单的事实是，想要精通某事或达到专业水平，完全不需要拥有超人的基因，但必须拥有自律、勇气，以及持之以恒的精神。适度运用这些品质，如果你想成为专业人士，那么你就有可能做到。无论你想精通什么事情，不管是给过生日的朋友献上一首好诗，还是明白心理学中经典条件反射的概念，抑或演奏海顿第五交响曲中第二小提琴的旋律，有意识的助记手段都能帮助你组织资料，为已经检索到的学问添加线索。最终，通过持续、有目的的练习和反复的应用，形成更深层的编码与潜意识中的精通，你就已然是一名专业人士了。

8

写给大家的学习策略

不管你想要做什么，或成为什么样的人，只有掌握了学习的能力，你才能参与竞争，才不会落伍出局。

在前面的几章中，我们尽量避免使用过于中规中矩的写法。因为我们觉得，如果列出从实证研究中得出的主要观点，并辅以案例进行讲解，读者就可以得出自己的结论，找到应用这些结论的最佳方法。但是，提前看过这些章节的人劝我们把建议写得具体一些，所以我们在最后一章将它们一一列举。

我们从给学生的窍门开始，尤其是针对高中生、大学生与研究生的，然后是针对那些终身学习的人和教师的窍门，最后说培训者。虽然这些人群适用的基本学习原理是一样的，但他们的背景、所处的人生阶段，以及学习资料不同。为了帮你想出应用这些窍门的场合，我们会列举一些案例：案例提到的人已经找到了使用方法，而且还在用它们取得更大的成就。

给学生的学习策略

请记住，最成功的学生能掌控自己的学习，并严格遵从一条简单的策略。或许你没学过如何做，但你完全可以做到这一点，而且最终结果可能会让你大吃一惊。

你要接受这样一个事实：重要的学问通常是有一定难度的，或者说基本都是如此。你会遭遇挫折，这是努力的标志，不代表失败。挫折伴随着奋斗，而奋斗可以积累专业知识。努力学习会改变你的大脑，创建新的连接，建立心智模型，扩展你的能力。你的智力在很大程度上由自己的控制，知道这一点非常重要，困难会因此变得有价值。

下面是三个基本的学习方法，把它们训练成习惯，合理安排自己的时间，你就能坚持下去。

练习从记忆中检索新知识

这是什么意思？"检索练习"意味着自我测验，从记忆中检索知识和技能应当成为你的主要学习方法，从此放弃反复阅读吧。

怎样把检索练习当成学习方法使用：你在读课本或是研究课堂笔记的时候，要不时地停下来，合上书本问自己这样一些问题：核心概念是什么？哪些术语或概念是我没接触过的？我会如何定义它们？这些概念和我已知的东西有什么联系？

许多课本的章末都设有学习问题，它们是很好的自测材料。

向自己提问并把答案写下来，也是学习的好方法。

在整个学期里，每周都留出一点儿时间，用课上的资料自测：这一周已经学到的东西和下一周即将涉及的材料都可以。

自测后要检查答案，确保你能准确判断出什么是自己知道的，什么是自己不知道的。

用小测验发现自己的薄弱环节，集中精力，牢牢地掌握这些知识。

回忆新知识的难度越大，收效就越大。犯错不会让你退步，检查答案并纠正错误就好。

直觉告诉你要做什么：多数学习者关注的是课本、笔记，以及幻灯片中着重标出的部分。他们会花大量时间反复阅读这些内容，对文本和术语倒背如流，因为这给他们一种在学习的感觉。

为什么检索练习的效果更好？在读过一两遍同一篇课文后，自测的学习效果要远好于继续重读。为什么会这样？第 2 章已经进行了详细的解释，下面是其中的一些要点。

反复阅读可以让你熟悉一段文字，创造出一种已经学会的假象，但这并不代表你已经掌握了这些资料。流畅地阅读一段文字有两大不利因素：一是不能代表你已经学到了东西；二是会让你产生一种错误的印象，以为自己记住了这些资料。

相反，用主要概念和术语背后的含义来考查自己，有助于把精力集中在核心思想，而不是次要的材料或是教授的措辞上。小测验是一种可靠的衡量方法，可以评估你学会了哪些内容，以及哪些内容是你还没有掌握的。此外，小测验会阻止遗忘。遗忘是人的天性，但练习回忆新学问可以让它们在记忆中更牢固，也有助于你在今后把它们回忆起来。

通过自测的方式定期练习新知识和新技能，可以加强你对它们的理解，也可以增强你把它们和先验知识联系起来的能力。

在学习的过程中，养成有规律地进行检索练习的习惯，就可以避免填鸭式学习或熬夜"抱佛脚"。同时你在备考的时候便不需要怎么学习了，在考试前一晚复习资料，要比从头学起更简单。

运用起来会有什么感觉？和重复阅读相比，自测会带来生疏和沮丧的感觉，在你很难回想起新知识的时候更是如此。你会感觉这样做不如反复阅读课堂笔记，以及课本中的重点段落有效。但是，就在你费力检索新知识的时候，每一次努力的回想实际上都是一个加深记忆的过程。只不过你感觉不到这一点，这样做要比你不去回忆的效果好。努力检索知识或技能，可以让它们保留得更为持久，而且也会加强你在今后回忆起它们的能力。

有间隔地安排检索练习

这是什么意思？有间隔的练习意味着要不止一次地学习资料，不过两次练习中间要隔开一段时间。

怎样把有间隔的练习当成学习方法使用？建立一份自测计划，在每个学习阶段之间都留出一段时间，具体多长时间取决于资料本身。如果你在学着把一串人名和面孔对应起来，那么在第一次接触后，你要每隔几分钟就复习一遍，因为这种关联是会很快忘记的。课本中的新资料需要在第一次接触后隔一两天温习一遍，之后或许只需隔上数天或一周再看一遍即可。你很确信自己掌握了某些资料后，隔月自测就好。在整个学期里，你用新资料考查自己的时候，也要回头检索之前的资料，问问自己先后学习的不同知识有什么关联。

如果使用抽认卡，不要去除那些已经正确回答了好几遍的卡片，要不停地打乱卡片的顺序考查自己，直到你掌握得相当熟练。之后可以把它们放到一边，但是你还要定期复习，频率大概是每月一次。想要记住东西，就必须定期回忆它们。

另外一种有间隔的检索练习方法是，穿插安排两个或更多的主题进行学习，这种轮换交替可以不断地刷新你对每个主题的记忆。

直觉告诉你要做什么：直觉让我们以为，要延长时间固执地、反复地练习那些想要掌握的东西。我们一直被引导着相信，集中学习讲究的"练习，练习，再练习"，是精通某项技能或学会新知识的必要环节。有两个原因让这种直觉很有说服力，很难让人不相信：第一，当反复练习一件事情的时候，我们通常会看到表现有所提高，因此这种方法备受推崇。第二，我们没有意识到，在反复练习中取得的收效是作用在短期记忆上的，而且会很快减弱。我们无法看出这种收效减弱得有多快，导致我们产生了集中练习有效果的印象。

此外，由于盲目相信集中练习的效果，多数学生会推迟复习的时间，直到考试临近再拿起书本，埋头在资料当中一遍遍地反复阅读，想要把内容刻进大脑之中。

为什么有间隔的练习效果更好？很多人错误地认为，单靠重复就能记牢某件事情。大量练习的确有效，但前提是这些练习之间要有间隔。

如果把自测作为主要的学习方法，并把学习时间间隔开来，有意识地让两次学习之间出现一些遗忘，为了重建你学到的东西，你就不得不更加努力。这相当于你把学过的东西从长期记忆中"重新调取"出来。为了重建所学付出的努力，会让重要的概念更加突出、难忘，而且会将所学到的东西和其他知识，以及后来学到的东西更紧密地联系起来。这是一种强有力的学习方法。（第 4 章已经详细讨论过为什么这种方法更有效，以及它是如何发挥作用的。）

运用起来会有什么感觉？集中练习让人感觉比有间隔的练习更有效果，但事实并非如此。有间隔的练习让人感到操作起来更困难，因为此时你已经有一点儿生疏了，而回忆资料的难度也增加了。你感觉没有精通这门知识，实际情况却恰恰相反：你在长期记忆中重建所学时，虽然感觉很别扭，但不仅强化了记忆，还强化了你对知识的掌握。

学习时穿插安排不同类型的问题

这是什么意思？就拿学习数学公式来说，不要每次只学习一种，就可以轮换接触不同的问题和解法。如果你在研究生物标本、荷兰画家或宏观经济学原理，那就要把案例混合起来。

怎样把穿插练习当成学习方法使用？许多教科书把学习的内容编排成段落，先针对某一类特定的问题给出解决方案（如计算球体的体积），再列举多个需要解答的例题，再讲解下一类问题（如计算圆锥体的体积）。段落练习不如穿插练习有效，正确的做法应该是这样的：

在安排自己的学习进度时，一旦你能理解新问题的类型和解决方案，但对问题的领悟还比较初级，就要把这类问题分散安排到你的练习规划中。这样你才能用不同类型的问题轮流考查自己，并为每种问题检索正确的答案。

如果发现自己在固执地、反复地练习某个题目或某项技能，就要改变这种做法：加入其他的科目、技能，持续不断地考验自己辨别问题类型的能力，选出正确的答案。

回想一个体育项目的例子（见第 4 章）：一名棒球运动员在练习击球时，先打 15 个快速球，再打 15 个弧线球，最后打 15 个变速球。他在练习中的表现要好于击打混合球型的球员。但是，在练习中随机投球的球员能够培养自己辨析与应对每次投球球路的能力，因此后者成了更出色的击球手。

直觉告诉你要做什么：多数学习者一次只专注于一种问题的多个例子，或是单一样本类型的多个例子。他们想要先精通这类问题，把事情"搞定"，再学习其他类型。

为什么穿插练习的效果更好？把不同类型的问题或样本混合起来学习，可以提高你区别问题类型的能力，辨识出同一类型问题的普遍特点，并且能提高你在今后测验或真实环境中的成功率。在现实世界中，你必须能够识别要解决问题的类型，才能运用正确的解决方案。（第3章详细地解释过这一点。）

运用起来会有什么感觉？段落练习——先精通某类问题中的所有内容，再练习下一类问题——感觉像（看着也像）你越来越精通；而打断针对一种类型问题的练习，去进行另一种类型的练习，感觉很突兀且没有成效。即便学习者通过穿插练习把知识掌握得相当好，他们也会觉得段落练习更适合自己。你或许也有过这种体验，但你现在知道，研究证明这只是幻觉。明白这一点会使你获得优势。

其他有效的学习方法

细化会提高你对新资料的掌握程度，能增加心智线索的数量，方便你在以后回忆并应用这些资料（见第4章）。

这是什么意思？细化是在新资料中找到其他层面的含义的过程。

举例来说：把资料和你已知的东西联系起来，用自己的语言向别人解释，或者解释这些资料与你的课外生活有什么联系。

一种有力的细化形式是，为新资料提供一种比喻或视觉形象。比如，为了更好地理解物理学中的角动量原理，你可以记忆这样一个画面：当滑冰运动员把胳膊靠近身体时，旋转的速度就会越来越快。在学习热传递原理时，想象自己握着一杯热可可，你就可以更好地理解什么是热传导。想理解热辐射，你可以想象冬日的阳光照进小屋的情景。至于热对流，想想亚特兰大的叔叔和你慢慢穿过他最喜欢的后巷小院时，你能舒服地感受到空调冷气。学习原子结构时，物理教师可能会用太阳系来打比方：原子核就像太阳，围绕原子核旋转的电子就像行星。新知识与已知事物的联系越紧密，你对新知识的理解越强，建立起来以备回忆的连接就越多。

我们之后还会讲到，生物学教授玛丽·帕·文德罗斯是如何鼓励自己的学生进行细化的——让他们写很长的"汇总表"。学生要在一张表上描述本周学到的各种生物系统，还要用图形和关键字说明这些系统之间是如何关联的。这种细化形式增加了其他层面的含义，并促使学生学习概念、结构，以及相互关系。也许你没有那么好的运气碰上文德罗斯教授，但可以自行采用这种策略。

生成的效果是让意识更容易接受新学问。

这是什么意思？生成是指在得到答案或解决方案前，尝试回答疑问或解决问题。

举例来说：从小的方面说，填写一篇课文中空缺的字词（也就是自己选择字词来填空，而不管原文作者怎么写），可以让你更好地学习并记忆课文内容，效果好于阅读一篇完整的文章。

许多人认为，从经验中学习最为有效，也就是说从实际操作中学习，而不是靠阅读文章或听课。从经验中学习就是一种生成：你着手完成一项任务，途中遇到了困难，并从自己的创造力和知识储备中寻求解决方案。如果有必要，你可以从专家、课本或互联网那里寻求答案。先接触未知的事物，再进行钻研，这样你学会并记住解决方案的概率,就远大于别人教会你现成的东西。第 4 章中获奖的园丁兼作家邦妮·布洛杰特的例子,就能很好地说明生成学习法的威力。

在阅读新的课堂资料时,为了练习生成,你可以尝试提前解释那些你认为会在资料中找到的核心概念,并解释它们会如何同自己的先验知识建立关联,然后阅读资料,判断自己是否正确。由于一开始就付出过努力,你可以更好地发现阅读资料的实质与关联,哪怕与你的设想不一样也没关系。

假设你要在科学或数学课上学习不同题目的不同解法,先试着在课前求解这些题目。圣路易斯华盛顿大学物理学院如今要求学生在课前先做题。有些学生认为教授解法是教授的工作,很不高兴,但教授明白只有让学生先和这些题目较较劲,课上的学习效果才会更好。

反思把检索练习和细化结合起来,增添了学习层次,强化了技能。

这是什么意思?反思是指花几分钟复习最近学过的课程或取得的经验,然后自问:在哪些地方做得好?哪些事情可以做得更好?你想起了其他什么知识或经验?想掌握得更好,需要学什么?为了下次做得更好,要采用哪些策略?

举例来说:生物学教授玛丽·帕·文德罗斯每周都会给学生安排一些低权重的作业,让他们写一些"学习小结"。学生要在小结中反思前一周学到了什么,还要描述这些课堂上的知识同课外生活有什么联系。对于学生来说，这是一种很好的自学形式，也是一种很有效的学习方法，其效果好于花费几个小时抄写幻灯片上的内容或笔记。

校准是比对自己的判断和客观反馈，看看你知道什么和不知道什么，从而避免被精通的假象所迷惑。在接受测验的时候，这种假象会让许多学习者措手不及。

  这是什么意思？感知假象支配着所有人，第 5 章描述过一些相关的例子。把对文章的流利阅读误认为对根本内容的掌握，只是其中的一个例子。简单来说，校准就是用客观的工具消除假象，调整你的判断，使之更好地反映现实。目的是确保你正确地认识自己，了解自己知道什么和能做什么。

  举例来说：航空公司的飞行员靠飞行仪器了解自己的感知系统是否被误导，从而确保飞行中的关键因素正确无误，例如飞机是否正在水平状态下飞行。学生用小测验和模拟考试检查自己对所学的掌握是否有正确的认知。需要明确的一点是，真正把自测的问题回答出来至关重要。在做模拟题的时候，我们看到一个问题总是会说"我知道"，然后就接着往下看，而没有老老实实地花时间真正写下答案。不写出答案，你就有可能陷入自以为知道的假象，但事实是你很难对其做出一个准确或完整的回答。把模拟考试当成真正的测验，检查答案，把精力集中在你不会的地方。

助记手段有助于你检索学过的东西，并记住随机出现的信息（见

第 7 章）。

这是什么意思？"助记"来自希腊语中的"记忆"一词，助记手段就像心里的文件柜，可以让你轻松地记忆信息，并在需要的时候找到信息。

举例来说：美国小学生会学习一种非常简单的助记手段，即从东到西记住五大湖的顺序——"老象有一身老皮"（Old Elephants Have Musty Skin)[①]。为了教孩子记住英格兰国王与女王的年代顺序，马克·吐温在庄园车道上打桩标出各个王朝统治的年代，同孩子们一边走一边看，并辅以图片和故事详细说明，这就是他的助记工具。牛津贝勒比斯学院的心理学学生使用"记忆宫殿"作为助记手段，组织自己学到的知识，为高级水平论文考试做好准备。助记本身并不是学习工具，却可以用来组建心智结构，从而让知识检索变得更轻松。

下面是两个学生的小故事，他们使用了上述学习策略，让自己的成绩升至班级前列。

医学生麦克尔·扬

麦克尔·扬就读于佐治亚摄政大学医学院，过去成绩垫底，现在却是一个表现优异的大四学生。通过更换学习方法，他摆脱了以前的窘境。

[①] 这五个单词的首字母分别与美国五大湖名称的首字母对应：安大略湖（Ontario）、伊利湖（Erie）、休伦湖（Huron）、密歇根湖（Michigan）和苏必利尔湖（Superior）。——译者注

认知天性

和其他同学不同，扬在入学前没有学过医学预科课程。他的同学全都有生物学、药理学的相关背景。无论从哪个方面看，医学院的课程都是很难的，对于没有基础的扬来说更是难上加难。

这种巨大的挑战就像一座大山，尽管扬无时无刻不在钻研自己的课程，但他的第一次考试成绩只有 65 分。"老实说，我真是感觉糟透了，"他说，"我被这种现况击垮了，简直不敢相信有如此困难。这和我以前上学的时候完全不一样。我的意思是，你来上课，普通的一天就有大约 400 张幻灯片要看，强度太大了。"[1] 既然花费更多的时间学习没有收效，扬不得不去找其他办法，让学习更有效率。

他开始阅读有关学习的实证研究，并深深地迷上了测验效应。我们认识他的经过是这样的：他给我们发了电子邮件，询问如何在医学院中使用有间隔的检索练习。现在回首那段颇有压力的时期时，扬说："我想要的不是别人关于如何学习的意见，每个人都有自己的意见。我想要的是数据，真正研究这个问题的数据。"

你或许会想，扬没上预科是怎么进医学院的。他拥有心理学硕士学位，以及在诊所工作的经历，最终成了一名咨询师，帮助药物成瘾的人群。他和许多医生合作过，然后慢慢开始疑惑自己是否更热爱医学。"我没觉得自己有多聪明，但我想在有限的生命里做更多的事情，而这个想法总是挥之不去。"有一天，他去了佐治亚州哥伦布市内的哥伦布州立大学生物学系，询问想当一名医生需要学什么课程。接待的人都笑了，说："这所学校就没出过医生。佐治亚大学和佐治亚理工学院的学生才去上医学院，我们这里十年都没有人上过医学院。"扬没有气馁，而是拼凑着选了一些课程。例如，医学院要求学生必须学过生物学课程，他就在哥伦布州立大学学了仅有的钓鱼课程，这就是他的生物学。在一年的时间里，他学遍了这所大学中可以用来当医学背景的课程，然后突击了一个月，参加了美国医学院的入学考试，分数刚好及格。最终，他成功进入了佐治亚摄政大学。

这时他发现，最困难的时期还远远没有过去。第一次考试的成绩说明，前方的道路极为崎岖。要想走完这段路，他必须改变自己的学习习惯。至于改变了什么，扬解释道：

> 我对阅读很感兴趣，它是我唯一知道的学习方法。除了阅读，我不知道还能做些什么。如果读了又没记住，我就不知道该怎么办了。在读过（有关学习的）研究资料后，我知道除了被动地接收信息，还必须主动地做一些事。
>
> 当然，重要的是想出一个办法来检索记忆中的信息，因为这是你在考试时被要求做的事。如果你在学习时做不到这一点，那么在考试时同样做不到。

后来他在学习的时候就会更为留意："我会停下来想一想。'刚才我读了些什么？是关于什么内容的？好，我觉得会是这样，酶先是这样，再是那样。'然后我会再看一遍，检查自己是想对了还是想偏了。"

这个过程不是自然而然形成的。"一开始你会感觉很不舒服，如果要停下来回想自己在读什么，并用这些内容考查自己，就会花很多时间。如果这周有考试，而且考的内容很多，学习进度慢下来会让你很紧张。"但是，他所知道的学习更多资料的唯一方法，就是花时间反复阅读。虽然反复阅读已经成了习惯，可这种习惯的效果并不是他想要的。即使检索练习很难，他也只能强迫自己坚持下去，至少要看看这样做有没有效果。"你只能相信这个过程，这对于我来说很不容易，不过最后效果确实非常好。"

效果的确非常好。在大学二年级的时候，扬的成绩已经从班上200人里的垫底上升至前几名，之后也一直保持着这个排名。

扬向我们讲述了自己如何适应有间隔的检索练习与细化原则。在医学院，学习的难点不仅是要记忆大量的资料，还在于学生要学习复杂系统的工作方式，以及这些系统如何与其他系统相互关联。扬的意见很有启发性。

关于决定什么是重点，他说："如果是课堂资料，有400张幻灯片要看，你就没时间去演练所有的小细节。所以你只能说，'好，这个重要，那个不重要'。在医学院上学，全在于如何安排你自己的时间。"

关于强迫自己回答问题，他说："复习的时候，不能只是重读，你要看自己是否能回忆所学的知识，是否记住了具体内容。你要先自测，确实不记得了就复习后再自测。"

关于找到合适的间隔时间，他说："我知道间隔的效果，也知道间隔时间越长，越有助于记忆，但你要权衡自己能回忆起多少东西。比如，你看了一长串酶的名字及其工作步骤，或许在看过 10 个步骤之后，你就该停下来想一想，自己能记住这 10 个步骤都是什么吗？一旦发现了合理的间隔，学习效果自然就会体现出来。这种间隔很容易沿袭下去，因为在有了效果之后，我就会信任这个过程，相信它能起作用。"

扬还放慢了自己阅读资料的速度，思考资料的含义，并用细化的方式更好地理解资料，将其记住。"当读到中脑腹侧被盖区释放多巴胺时，我一知半解。"这种学习方法的关键在于，不能让这些词语只是"从大脑中过一遍"。为了理解以上这句话，扬深入挖掘，找到了大脑相应部位的定义，查看了它的图片，并在脑海中留存了这个概念。"具体的画面和位置（在解剖学意义上）对我记住它非常有帮助。"扬表示，我们没有时间学习某一事物的所有方面，但停下来寻找含义有助于你牢牢记住它。

凭借出色的成绩，扬获得了教授和同学的认可。他受邀给学习困难的同学做辅导——只有少数人能获得这种荣誉。他一直在教同学这类技巧，而且同学的成绩也有所提高。

"触动我的是，人们对这类技巧很感兴趣。在医学院，我告诉过所有的朋友，他们现在也对此着迷。人们想知道应该如何学习。"

学习心理学导论的学生蒂莫西·费尔罗斯

在心理学基础概念这门课上，一个学生的成绩让南加州大学的教授斯蒂芬·麦迪根很是惊讶。"这门课很难，"麦迪根说，"我用的是最难、最前沿的教材，而且资料繁多，似乎无穷无尽。在整个课程进行到四分之三的时候，我注意到有个叫蒂莫西·费尔罗斯的学生，在所有的课堂活动中——包括考试、论文、简答题、多项选择题——都拿到了 90~95 分的成绩。这是相当高的分数，他一定是天赋异禀的人。所以有一天我把他叫到一边，询问他的学习习惯。"[2]

当时是 2005 年，麦迪根不知道费尔罗斯课下是什么样的人，但总会看到他出现在校园里和橄榄球赛中，足以说明他并不是一个只知道埋头学习的人。"他的专业不是心理学，但他很重视这门课，用尽全力在学习。"麦迪根还留着费尔罗斯写的学习习惯列表，直到今天，他仍在跟学生分享。

列表的要点内容包括：

- 课前一定要阅读资料
- 在阅读的时候预想考试会出什么题目，以及这些题目要如何作答
- 课上在心里回答这些假设问题，从而测验阅读内容的记忆成果
- 复习学习指南，找到那些回忆不出或不知道的术语，重新学习
- 在阅读笔记中抄写标粗的术语及定义，确保能够理解
- 参加教授在网上发布的模拟测验，从中发现不知道的概念，重点学习

- 用自己的方式把课上的信息重新组织成一份学习指南
- 写出复杂或重要的概念贴在床头，不时自测
- 在整个学习过程中，把复习和练习间隔开

费尔罗斯的学习习惯是坚持有效学习的好例子。他的练习是有间隔的，而他学到的东西也很牢靠，可以应对考试。

给职场人士的学习策略

前面刚刚列出的针对学生的学习策略，对任何年龄段的任何人都有效果。以上策略主要是围绕课堂说明的。虽然原理相同，但终身学习者要在各种各样没有那么规范的背景下使用它们。

当然，从某种意义上说，我们都是终身学习者。从降生的那一刻起，我们就开始学习认识周围的世界，通过实验、试错，以及面对随机出现的挑战，需要回忆之前类似情况下自己的做法。换言之，书中提到的生成、间隔练习一类的技巧，都是我们与生俱来的（虽然与直觉相悖）。无论是兴趣还是工作，只要需要不断地学习知识，人们都可以从中领教这些方法的威力。

检索练习

纳撒尼尔·富勒是明尼阿波利斯市格思里剧院的一名职业演员。在一次晚宴上，同剧院的著名艺术指导乔·道林听说了我们的工作后，马上推荐我们去采访他。按照众人的说法，在担任候补演员时，富勒能记住一个角色的所有台词和走位。他只要一上

场，就没有出错的时候，即便没参加正常的排练也没问题。

富勒在舞台上的表现非常专业，通过多年对角色的钻研，他的技艺日臻成熟。他经常担任主角，其他的时候则在剧中扮演一些次要角色，但也做候补主角。他是怎么做到的呢？

在拿到一部新剧本后，富勒会用活页夹把它们装订起来，通读一遍，标出自己那部分台词。"我要弄清楚自己有多少台词要背。我会估算自己每天能背多少，然后尽早开始，争取把它们背下来。"[3]把自己的台词标出来，可以让他更容易地找到它们，也可以给他一种把内容组织起来的感觉。所以，这种着重标出和学生在课上所做的"标重点"并不是一回事，学生标记内容只是为了反复阅读。"你能从整体上了解台词，知道前前后后都说了些什么。"

富勒会使用各种形式的检索练习。首先，他拿出一张白纸，盖住剧本的一页，再把纸往下拉，让对手戏角色的台词慢慢出现。因为这些台词可以当作线索，帮助他回忆自己的台词，里面蕴含的情感也通过他自己的角色反映出来。他会盖住自己的台词，尝试大声地背诵出来，也要检查准确率。如果背错了，他就把它们重新遮上，再次背诵。直到能正确背出这一段，他才会把挡在下一段上的白纸移开，开始新的内容。

"知道该说什么只是完成了一半的工作，你还要知道该在什么时候说。我并不比别人更擅长记忆，但我知道的重点之一是，要尽最大努力在不看剧本的情况下把台词背出来。想把台词记住，我必须要做到这一点。

"我会疯狂地工作。当感觉收效不大的时候,我就会停下来,第二天再背诵。这时,我会忘记之前的东西,很多朋友都怕出现这种情况。但我相信既然东西都已经在大脑里了,它会一点点重新浮现的。之后我会把心思用在新的台词上,重复这个过程直到全剧结尾。"

在处理剧本的时候,富勒会不停地跳过熟悉的内容与剧幕,去看新的资料。整部剧就像一条逐渐织完的毯子,每一幕的含义都靠前一幕赋予,新一幕则进一步推进剧情发展。当背到最后的时候,他会倒过来练习,从不那么熟悉的最后一幕开始,再练习比较熟悉的前一幕,然后回到最后一幕。之后他又跳到这两幕之前的内容,再一直练习到结尾。他会按照这种模式重复练习,直到回到第一幕。这种来回背诵的方式帮助他把不熟悉的内容变成熟悉的内容,加深了他对角色的全面理解。

背诵台词可以以视觉化的方式进行(想象剧本中的人物"跃然纸上")。但富勒说,这也是"身体的表演、肌肉的表演,因此我会模拟角色的口吻念台词,体会角色的感受"。富勒会查看剧本的语言、字词的韵味,以及言语的修辞,从而弄清楚它们的表意方式。他会挖掘角色的自我表达、舞台动线、面部表情等体现内在感情的方方面面,驱动每一幕进行。这些细化形式帮助他从感情上理解角色,与人物发展出更深刻的联系。

他的检索练习还发展出了一种更高级的形式。富勒现在抛弃了纸质剧本,而是把剧中其他演员的台词录进手掌大小的数字录音机中,录的时候尽可能"用角色的方式"说话,以便区分。他把录音机握在手中，拇指就放在控制键上。按下"播放"按钮的时候，富勒能听到各个角色的台词，也就是他的记忆线索；按下"暂停"按钮的时候，他就从记忆里翻出自己的台词，把它们念出来。如果觉得背得不对，他会去检查剧本，有必要就重新播放整个段落，念出自己的台词，再继续后面的内容。

当富勒要替补一个角色时，在导演和演员敲定走位（就是演员在舞台上的站位，以及相互之间的移动）之前，他会先在家练习，把客厅想象成舞台，同时预想走位的方式。他一边拿着录音机串词，一边在想象的剧幕中穿梭，给这部分剧情安排人物动作，与假象的道具互动。当他要替补的演员排练时，富勒会在剧院大厅的座位之后观察，按照舞台上演员排练的方式，自己在下面走位。回家后，他还会继续练习，在客厅里调整想象中的舞台，排练新的走位。

富勒在学习的过程中有机地加入了各式各样的必要难度：检索练习、间隔练习、穿插练习、生成（他扮演的角色的心理、举止、动机、特性），以及细化。通过这些技巧，他认识了角色以及角色表现出来的多层含义，从而让形象更具体，为观众献上活灵活现的演出。

生成

2013年，82岁的约翰·麦克菲在《纽约客》杂志上发表了一篇文章，讲到了自己对写作瓶颈问题的认识。麦克菲是创造性纪实文学的开创者之一，荣获诸多奖项，广受称赞，有辉煌的职业生涯。对于一名作家来说，如果他还对自己写作的主题抱有希望，那么写作瓶颈是他必须越过的障碍，只是这个障碍有时看上去似乎无法逾越。和其他艺术形式一样，写作是一个反复创作和发掘的过程。很多写手本可以成为作家，但他们失败的原因很简单，那就是在明确想要说些什么之前，他们没法让自己全身心投入。麦克菲解决这个问题的方法是什么呢？他给自己的母亲写了一封信，告诉她自己是多么痛苦，自己之前对这个主题的期望有多高（是关于一只熊的作品），但他不知道该如何着手，或许他根本不适合成为一名作家。他想表达这只熊有多么壮、多么懒，喜欢一天睡15个小时，诸如此类。"这时我回过头来，删掉了信的开头'亲爱的妈妈'，以及包含抱怨和牢骚的部分，只把关于熊的内容留了下来。"

麦克菲这部作品的第一稿"相当随意"，他说："然后我把事情放到一边，开车回家，一路上还在纠结文中的用词。我想出了一种更好的表达方法——一个好词，可以纠正某个失误。如果连第一稿都没有，我肯定不会想到办法去改进。简而言之，你每天实际花在写作上的时间可能只有两三个小时，但无论如何，你的思绪都是24小时运转的——真是这样，睡觉时也不例外。只有在某种形式的草稿或初稿出现后，写作才算真正开始。"[4]

症结就在这里：学习产生效果的方式和麦克菲"相当随意"的初稿一样。你对不熟悉的资料的初步理解，通常是粗糙和笼统的。但是，只要你专注于理解新东西，意识就会像"织毯子"那样，开始自行梳理问题。单靠反复阅读一段文字，或是被动地观看幻灯片，无法专注。只有努力用自己的话解释资料，联系事实，让资料形象起来，把它和已知的东西相关联，你才能真正做到专注。和写作一样，学习是一种参与的行为。与难题搏斗才会刺激你的创造力，让你的意识去借鉴已有的经验、知识，并应用它们获得急需的解决方案。当你真正获得答案时，它会和你的先验知识以及能力深深地结合起来，远超幻灯片在你的头脑中留下的肤浅印象。

所以要向麦克菲学习：你想要精通某件新事物，就删除抱怨，去全力应付那只熊。

反思

我们在第 2 章讲过梅约诊所的神经外科医生迈克·埃伯索尔德，利用反思的习惯提高自己的手术水平。反思涉及检索（我做过什么，当时是怎么起作用的）与生成（下次我怎么做才能有更好的效果），同时让人在头脑中绘出形象，从意识上进行演练（如果缝合得密一点儿会怎样）。正是这种反思的习惯，让他设计出一种手术方案，不仅修复了病人后脑脆弱的窦组织，而且避免了结扎可能带来的组织损伤。

佐治亚大学斗牛犬橄榄球队教练文斯·杜利（见第 3 章）帮助他的球员使用反思和心智演练，学习战术与站位，为星期六的比赛做好准备。明尼阿波利斯市警察戴维·加曼（见第 5 章）用反思提高了自己便衣侦查的水平。2009 年，机长切斯利·萨伦伯格曾奇迹般地将全美航空公司 1549 航班成功迫降在哈德孙河上。在他的个人传记《最高职责》中，反思这种学习技巧的威力被体现得淋漓尽致。无论何时阅读他的自传，我们总能发现他在利用培训、个人经验，以及对他人的仔细观察，加深自己对飞行和飞机操作的理解。从早年操作单引擎撒药飞机开始，到当上喷气式飞机驾驶员，甚至在进行空难调查时，他都延续了这种做法。在分析为数不多的航班迫降事故时，他会特别注意飞机的颠簸、航速，以及水平翼的情况。萨伦伯格机长积累经验的做法告诉我们，反思这种习惯不只是简单地衡量自己的经验，或是观察别人的经验，它最大的作用是通过生成、视觉化，以及心智演练，把意识调动起来。

细化

我们约见 88 岁的钢琴家塞尔玛·亨特时，她正在为一场音乐会做准备，学习莫扎特、福莱、拉赫玛尼诺夫以及威廉·博尔科姆的作品。亨特 5 岁时就在纽约的钢琴比赛中赢得了人生的第一个奖项，之后便一直从事钢琴演艺事业。她坚称自己不是什么天才，也算不上多有名，但她的确有不小的成就。她的丈夫萨姆是心外科医生，除了和丈夫一同抚养 6 个孩子，她繁忙生活中的其余时间都花在了钢琴上，学习演奏技巧、教钢琴课，以及参加演出。尽管年事已高，但她还在从事这一职业，在琴键上寻找着人生的乐趣。

在亨特的学习方法中，最重要的始终是赋予新学问多层含义，体现出细化在提高学习效果、增强记忆中发挥的作用。在研究一段新谱子的时候，她的方法是多管齐下：身体上用手指弹奏，听觉上聆听效果，视觉上查阅乐谱的音符，头脑里通过三者间的转换进行自学。

岁月不饶人，她过去在演奏前从不用热身，但现在必须这样做了。"我的耐力不如以前好了，手指也不如原来伸展。现在想记住什么东西，就必须思考。我以前从来不用这样做，只是把方方面面都过一遍，自然就能记住。"[5]为了让乐谱形象化，她现在会在心里做一些注释。"在练习的时候，有时我会大声说出来，'这里要高一个八度'；在我的脑海里，乐谱需要高八度的地方也会有一个具体的形象。"她很认同麦克菲的写作理论，说在自己几乎要记住一段谱子的时候，"会去开车兜一圈，就能思考整段乐曲。要像指挥一样考虑曲子的全貌，想'哦，这一段再快一些会更好，我得这样练习，才能让速度快起来'。在不摸钢琴的时候，我想的大多是这些事情。"

亨特坚持每天练琴、弹奏新曲子，放慢速度去分析难度较高的章节。因为现在经常要加入大提琴以及小提琴协奏，她还要和其他人一起练习，好让每个人对乐曲的理解同步。

我们在第7章讲过安德斯·艾利克森的研究：专业人士通过数千小时刻意的独自练习，打造出许多心智模型，应对在相关领域出现的诸多情况。亨特描述的经历似乎也符合艾利克森的理论。她有时必须坐在钢琴前，设计一套指法，来弹奏难度较高的章节。她觉得奇怪的是，在相关乐章的练习停止一周后，她会再坐下来弹奏，使用的指法虽然并没有刻意安排，但感觉非常自然，也很熟悉。她的这种说法有些前后矛盾，不过不算特别出人意料。凭借多年的演奏经验，她通过自己的潜意识找到了一套更流畅的解决方案，胜过此前特意在键盘上设计出来的指法。不过，可能就像麦克菲与"熊"角力一样，正是多年来的苦练，让亨特的意识从记忆盒中找到了更自然、更优雅的应对方法。

给教师的学习策略

本节再次极力避免程序化的写法。每一位教师都要找到适合自己课堂的授课方式，不过具体的方法会有所帮助。因此我们依照自己的判断，列出了一些基本的方法，它们能有效地帮助学生成为课堂上更优秀的学习者。有些教师的授课方式已经遵循了这些方法，我们会稍做介绍，希望你能在以下建议与案例中找到既适合又可行的实践方案。

向学生解释学习的过程

在苦心求学的过程中，学生往往会受到假象和道听途说的影响，做出一些不佳的选择，包括承担的知识风险，以及学习时机和方法。教师的职责包括向学生解释实证研究在学习上的发现，帮助他们更好地规划自己的课业。

具体来说，教师需要帮助学生理解下列基本概念：

- 学习中的某些困难有助于更深刻地理解所学的东西，把它们记得更牢靠

- 轻松的学习往往只能获得肤浅的知识，而且很快就会忘记
- 智力并不全是生来固定的。实际上，在付出努力的时候，学习可以改变大脑，建立新的连接并提高智力
- 在获知答案前思索一下新问题，比不思考就看答案的学习效果要好
- 无论在哪个领域，想要有所建树，就必须努力超越现有的能力水平
- 从本质上说，努力通常会带来挫折，而挫折往往能提供重要的信息，让你调整策略，从而实现精通

这些主题贯穿整本书，第 4 章和第 7 章对此有详细的讨论。

教学生如何学习

一般来说，没有人教学生如何学习，就算有，给出的也多是错误的建议，导致学生倾向于采用那些远称不上有效的学习方法，例如反复阅读、集中练习，以及填鸭式学习。

我们在本章开头列举了有效的学习策略。虽然这些策略在一开始可能会让学生产生疑惑，但是教师应当帮助学生理解，并坚持使用它们，从而让学生体会到它们的好处。

在课堂上创造合意困难

在实际教学中，用经常性的小测验帮助学生巩固所学，干扰遗忘过程；制定学生和教师都能接受的基本准则。如果意识到小

测验是定期进行的，而且不会对自己的成绩有太多影响，学生就会接受小测验；如果发觉小测验简单易行，而且不会出现浮于形式的情况，教师也会接受小测验。（下面会讲到凯瑟琳·麦克德莫特的例子，她采用每日一测的方法，在大学教授有关人类学习与记忆的课程。）

打造结合检索练习、生成和细化的学习工具，可能会要求学生在课前，也就是在还未接触答案的时候，先尝试自行解决新问题；向学生提供可以下载的模拟题，让学生复习资料，并校准他们的判断，了解自己知道什么和不知道什么；编写一些练习，让学生反思之前的课程，并将这些资料同其他知识或生活中的其他方面联系起来；提供一些练习，让学生自己撰写短文，总结近期课本或讲座中所涉及资料的核心概念。

给小测验和模拟测验打分，和学分挂钩，但权重不要太高。将模拟测验与学分挂钩可以让学生学得更好，效果好于进行那些不与学分挂钩的模拟测验。

设计的小测验和习题要涉及本学期早先讲解的概念和知识，才能保证检索练习的持续，让学习成为一个积累的过程。这有助于学生建立更复杂的心智模型，强化概念性学习，更深刻地理解概念或机理间的关系。（第 2 章提到过安德鲁·索贝尔的例子，他在大学政治经济学的课程中就使用了渐进的低权重的小测验。）

在课上进行间隔练习、穿插练习，并让课题与问题多样化，可以让学生经常"换挡"：为了明白新资料与旧知识的区别与联系，他们必须"重新加载"每个课题已知的东西。

保证透明度

除了整合合意困难与授课内容，你还要帮助学生理解这样做的方法与用意。你要给学生"打预防针"，告诉他们这种学习方式可能产生的挫折与困难，并向他们解释为什么这种方法值得坚持。你可以以本章开头提到的学生麦克尔·扬为例，他形象地描述了使用这些策略的困难以及最终获得的好处。

华盛顿大学生物学教授玛丽·帕·文德罗斯

玛丽·帕·文德罗斯就在她的课上引入了合意困难，帮助学生做好作业。她还帮助学生学会如何有效地规划学习，从而达到自己的期望，做一个熟悉本专业的优秀学生。顺着这种思路，她接受了另一项挑战：帮助学生判断自己对课上资料的理解处于布鲁姆分类学的哪一个层次，以及如何提高评估与综合的层次。

心理学家本杰明·布鲁姆负责的一个教育委员会在 1956 年设计出了布鲁姆分类学理论，把认知学习分为 6 个层次：获取知识（最基础的层次），发展出对基础事实与概念的理解，能够应用所学解决问题，能够分析概念与关系来进行推理，能够以新方式综合知识与概念，以及最高层次的能够运用所学评估观点与概念，基于证据和客观标准进行判断。

下面是文德罗斯运用的一些主要技巧。

透明度。在一开始，文德罗斯向学生教授测验效应、合意困难的原理，以及"以为自己知道"这种假象的害处。她向学生承诺,会坦诚自己的授课理念,并遵照这些理念授课。正如她近来向我们解释的那样:"测验效应本身的含义就是,用自测的方法会比反复阅读学到更多东西。我承认让学生这样做有很大难度,因为他们一直以来学到的都是要反复阅读书本内容。"[6]

学生来找我,给我看他们的课本,上面用4种颜色标出了重点。这种事情我都记不清发生了多少次。我对他们说:"你的确下了很大功夫,也想学好这门课,从你这五颜六色的课本上就能看出来。"然后我不得不试着告诉他们,在看过一遍课本后,多花一分钟都是浪费。他们很不解地说:"怎么可能?"我说:"你该做的是,读一点儿内容就考一下自己。"但他们并不太知道如何具体操作。

于是,我在课上做了示范。差不多每隔5分钟,我就会提出一个问题,考查学生们之前刚刚探讨过的材料,接着他们开始翻查笔记。我说:"停!谁也不许看笔记,就自己想1分钟。"我告诉他们,大脑就像森林,你的记忆就在林中某处。你在这边,而记忆在那边。从你的位置到记忆的位置之间本来没有路,但你走得越多,路也就出现了。这样一来,在下次需要这段记忆的时候,你就能更轻松地找到它。但是,你一拿出笔记,就切断了这条路。你不会再去探索这条路了,因为别人已经告诉了你该怎么走。

认知天性

在其他时间里,文德罗斯会向班上的学生提一个问题,要求他们自主思考。她会把学生叫到前面,让他们在白板上写三个可能的答案。然后大家用举手指的方式投票,认为第几个答案正确,就举几根手指。最后她会点名,让被点到的学生找与自己答案不同的人交流,弄清楚谁的答案才是正确的。

文德罗斯让学生用一种新的方式思考学习,还教给他们一组新词来描述挫折。在考试中碰到一道难题时,学生一般会抱怨题目出得太刁钻。文德罗斯说,当学生抱怨测验本身的时候,并不是解决问题的时机。但是,学生考得不好后来找她,说:"我被'以为自己知道'的假象蒙蔽了。我怎么才能提高成绩?"这才是文德罗斯能够帮助他们解决的问题。

分组测验。文德罗斯把班上的"学习小组"改成了"测验小组"。在学习小组中,往往是一个明白人说,其他人听,重点在于记住东西。但在测验小组中,所有人一起讨论一个问题,不能翻开课本。"每个人都懂一点儿,要通过交流把知识弄明白。"其重点在于探索和理解。

文德罗斯会问测验小组的学生,他们还有什么概念是没有真正明白的。然后她会叫一名学生到白板前面,试着解释这个概念。当这名学生努力整理思绪和答案的时候,小组内剩下的人要在教师的指导下测验他,通过提问让他得出答案,推出不明白的概念。在整个过程中,所有人都不能翻开课本。

自由回忆。文德罗斯给学生布置了一项作业:在每一天结束后,腾出10分钟,拿一张白纸,把他们能记住的所有课程内容写下来。学生必须写10分钟。她告诉他们，这项作业很不好做，他们会在2分钟后就写不出东西了，但是必须坚持完成。在10分钟结束后，学生要翻看自己的课堂笔记，弄清自己记住了什么、遗忘了什么，然后集中精力记忆遗忘的资料。从这项作业中整理出来的信息，可以为下一堂课做准备，也就是让学生知道该问什么问题，该对什么内容做笔记。文德罗斯发现，自由回忆练习有助于学生进行前瞻性学习，对资料之间的联系产生更深刻的理解。

总结表。每周一，文德罗斯的学生都要上交一份表单，从某些角度理解前一周的资料，还要配上核心概念、箭头及图形。文德罗斯教的是生理学——关于事物如何发挥作用的科目，因此总结要采用大幅剪贴画的形式，包括大量对话框、贴图及箭头，诸如此类。这些表单有助于学生综合一周的信息，思考系统间是如何联系的："这样做会引发这种效果，而这个过程又会导致这种事情，反过来这些又影响到那些事情。在生理学上，我们会使用大量箭头。学生可以互相帮助，我不介意，但他们交上来的表单必须是自己做的。"

学习小结。如果觉得不会给学生增添太大负担，文德罗斯有时会在周五安排他们写一些低分值的"学习小结"。她先提出一个问题，然后让学生准备一段五六句话的回答文字。问题可能是："胃肠道和呼吸系统在哪些方面类似？""你看到考试成绩后，觉得下次需要在哪些地方有所改进？"这样做的意义在于，刺激学生进行检索和反思，并赶在多姿多彩的校园生活掩盖一周的知识前，让学生记住它们。"这些年来我发现，如果考试之前我什么也不做，那么学生也就什么都不做，只等着'临时抱佛脚'。"学习小结也锻炼了学生的科学写作能力，即简明扼要地写一段文字。文德罗斯会通读学生们提交的回答，并在课上进行评论，于是他们便知道作业的确被看过了。

用布鲁姆分类学给学习分层。为了让学生形象地理解布鲁姆分类学，文德罗斯会按照考试的答案要点，把课堂资料分出相应的层次，也就是说，对任意一个问题，她都会对应布鲁姆分类学的各个层次，给出若干不同的答案：一个答案反映的是知识层的内容，另一个更全面的答案对应理解层，再复杂一些的答案则对应分析层，以此类推。学生拿到测验结果时，也会看到答案要点，并且被要求指出自己的答案处于布鲁姆分类学的哪个层次。另外他们还要思考，怎么做才能提升到更高的学习层次上。

缩小学生在科学课上的成绩差距。为了缩小学生的科学课成绩差距，文德罗斯和同事们试验过各种方法，包括采用新的授课结构以及主动学习原则。预备教育不完善的学生很少能在入门级的科学课上及格。因此，即便他们有兴趣和天分从事科研领域的工作，也无法跨越这一道门槛。由于某种原因，这类学生在高中时或在家庭生活中，没有学过要如何在高挑战性的学术背景下取得成功。

"我们中间的大多数人都走上了科研的道路，"文德罗斯说，"每当遇到挫折，周围就有人帮助我们，或是告诉我们'这就是成长的方式'。当事情不顺的时候有人指导你，你才能继续下去。你才会持之以恒。"

在实验中，文德罗斯与同事们比照了"低级班"和"高级班"的成绩（前者是指采用传统授课方式，期中和期末考试对学分有重要影响的班级；后者是指每天、每周都会进行低权重的练习，不断训练学生的分析能力，从而使其成功面对考试的班级）。他们还教导学生具备"成长心态"的重要性（见第7章对卡罗尔·德韦克著作的讨论）——学习是一件苦差事，用功会提高智力。

结果如何？和低级班相比，高级班在基础生物学课程上的不及格率大大降低了——预备教育不完善和预备教育较好的学生之间的差距缩小了，而且考试答案也都处在布鲁姆分类学中较高的层次上。此外，学生是否完成模拟题，已经不再是唯一的要素。在把模拟练习计入学分的班级里，即便练习的权重很低，学生们的功课都要好于那些不把练习计入学分的班级。

"我们告诉学生，这些做法是如何成为一种心理习惯的，"文德罗斯说，"想要在科学课上取得好成绩，必须这样训练自己。每种训练里都包含着一种文化，他们之前从未想过这一点。他们想成为专业人士，那我们就教他们用专业人士的方式去思考。当他们跌倒时，我们就告诉他们要如何才能重新站起来。"[7]

美国西点军校心理学教授迈克尔·马修斯

西点军校的教学理念建立在一套名为"塞耶法"的授课制

度上。这套方法在200多年前，由该校早期的一名校长西尔维纳斯·塞耶发明。它为每门课程指定了十分具体的学习目标，学生有实现这些目标的责任，并为每次班会安排了小测验和复述。

西点军校的学分分为三个方面：学术、军事与身体素质。工程心理学教授马修斯指出，学生的负担很重，与他们能分配的时间不成比例。要想从这所学校毕业，学生必须发展出一种抓住核心，把其余事项抛在一边的能力。"学校在很多方面对他们有极高的要求，会让他们忙个不停。"马修斯说。听起来可能让人不敢相信，马修斯会对学生说："如果你看过这一章中的所有文字，那你的效率并不会很高。"他的意思不是要"走马观花"地看书，而是要带着问题去阅读，从书本中寻找答案。[8]

马修斯在课堂上几乎不怎么讲课。课程以小测验开始，考查学生是否达到课下阅读中的学习目标。之后很多天，学生要"上黑板"。教室四面都有黑板，每一面黑板前面都会安排一组学生，合作解答教授提出的一道问题。问题的难度高于日常小测验，需要学生从阅读资料中整合想法，并在概念层面上应用。这是检索练习、生成及同伴教学的一种形式。每组要选出一名学生，向全班解释自己这一组是怎样解答问题的，然后其他人对此发表评论。班会则关注构思，而不是具体的细节。在开班会的时候，学生不用到黑板前面来，而是要参与其他形式的练习、演示或小组讨论，从而理解并表达事物背后更深刻的概念。

每节课都有明确的学习目标，同时还有每日一测，加上配合反馈主动解决问题，保证了学生的专注与警醒，也让他们更加努力地学习。

在西点军校里,最重要的技能之一其实是在课外教授的:如何确定自己所在的地理方位。只要具备了这项技能,即便身处陌生的地方,你也能弄清楚自己的方位。你先爬到树上,或是站上一块高地,在前进的方向上找一处距离遥远的地标物。再拿起指南针,你就可以发现地标物与正北方向相差多少度。然后你要回到林中,继续沿正确的方向前进。你得时不时地停下来检查方位,确保自己处在正确的路线上。小测验就是课堂上测量方位的一种方式:你是不是像预想的那样,在掌握某项知识的路上前进呢?

在马修斯培养的学生中,两人获得了罗德奖学金,凯莉·亨科勒就是其中之一(现在是少尉亨科勒)。亨科勒将在牛津大学进修两年,然后进入约翰·霍普金斯医学院深造。和我们提起测定方位的正是亨科勒。"西点军校教授的一切就是有责任心,为自己找到一个实现目标的方法。"她说。(9) 就以医学院入学考试为例,它主要包含对四门课程的测验:阅读、化学、生理学和写作。亨科勒给每门课都设定了一个最重要的学习目标,然后在学习的过程中寻找达成这些目标的方法。"每三天我就参加一次模拟测验,看看哪些地方弄错了,并进行调整。"这就是测量自己的方位。"很多学生苦苦学习了好几个月,想要记住所有的东西。但对于我来说,学习更多是要理解概念。所以,我的方位测量方法是这样的,看看这个问题在问什么,更大的主题是什么,然后比照它和我列出的大纲内容是否一致。"

本书的作者之一（罗迪格）高中时就读于佐治亚州盖恩斯维尔市的河滨军事中学。该校就使用了一套"塞耶法"，让学生每天参加小测验，在课堂上完成习题集或作业。和西点军校相比，这些学生更年轻、能力差异更大，但"塞耶法"依然奏效。实际上，每日参与的形式对那些不愿在课下用功的学生特别有帮助。"塞耶法"提倡的参与能让学生保持对课业的关注，同时验证了文德罗斯在实证研究中的发现：对于过去没有使用有效的学习技巧，没有培养出有效的学习习惯的学生来说，组织程度较高的课程能开发他们的潜力，让他们在苛刻的环境中取得成功。

圣路易斯华盛顿大学心理学教授凯瑟琳·麦克德莫特

在一门关于人类学习与记忆的课程上，凯瑟琳·麦克德莫特采用了低分值的小测验。25名学生每周上两次课，持续14周，参加期中考试和期末考试。在每堂课的最后几分钟里，麦克德莫特会进行包含4道题目的小测验：涉及授课内容、课外阅读中的重点，或者两者兼顾。如果学生已经理解了资料，他们在思考之后可以把4道题都做对。小测验中的问题都在课程范围之内，如果麦克德莫特觉得学生对过去的资料还未掌握透彻，她也会出一些考查旧知识的题目。

在每学期开始时，麦克德莫特会明确地定好规矩。她会列举有关学习和测验效应的研究，把小测验看起来没有意义，实则有帮助的道理向学生解释。学生一学期可以无理由不参加4次小测验，但错过的小测验就没有补考的机会了。

一开始学生对小测验的安排很不高兴。在学期的最初几周里，麦克德莫特会收到学生的邮件，关于缺课的正当理由，以及错过一次小测验应该允许补考等。她的应对方法是把规矩复述一遍：可以缺勤 4 次，不用请假，没有补考。

麦克德莫特说，小测验是激励学生上课的方式，也是学生通过日常表现获得学分的机会，只要他们能把 4 道题都答对。等到学期末，她的学生会说，小测验的确帮助他们跟上了课程，能让他们发现自己什么时候掉队了，什么时候需要努力。

"小测验的关键在于，给学生制定非常明确的规则，让教授可以管理他们。"麦克德莫特说，"学生要么接受，要么放弃，教授也不用头疼补考的问题。"[10]

小测验在学分中的比重为 20%。此外，麦克德莫特还会安排两次期中考试和一次期末考试。后两次考试的内容是累积式的，要求学生进行有间隔的复习，强化学习效果。

伊利诺伊州哥伦比亚市公立学校学区

正如第 2 章讲过的，我们曾与伊利诺伊州哥伦比亚市一所中学的教师合作，实验在课程中加入低权重小测验的效果。该校参与这项研究的教师一直在采用定期的小测验和其他形式的检索练习，其他没有参加研究但发现这样做有效的教师也在效仿。自此，最初的研究范围扩大到该学区高中的历史课与科学课，学生频繁地使用检索练习来加强学习，教师也用这种方法把精力集中在学生需要提高的知识领域。

　　伊利诺伊州教育委员会在 K-12[①] 数学和英语教学上采用的新标准，符合全美州长协会倡导的"共同核心州立标准"，得到了美国教育部部长的支持。"共同核心"为升入大学和参加工作的预备教育确定了标准，学生达到标准才可以从高中毕业。和其他学区一样，哥伦比亚市学区也在重新设计全部课程与测验以求更加严谨，并鼓励学生参与更多的写作与分析活动，提升高层次的技能，例如概念性理解、推理，以及问题解决能力，让学生达到国家要求的标准。教学全面改革的一个例子是，自然科学课程要垂直划分，让学生在学习的不同阶段重新接触某一科目。这种做法催生了更多有间隔、有穿插内容的授课。以物理学为例，中学生会学习识别 6 种基本机械（平面、斜面、螺旋、杠杆、滚轮与轮轴、滑轮），以及这些机械的工作方式，然后在高年级时再回到这些概念上，深入探讨背后的物理知识，以及如何将这些基本工具组合起来解决不同的问题。

给培训者的学习策略

适宜培训者使用的方法，从原理上讲，与学校授课没有什么区别，只是培训者的工作环境并不是课堂，也没有那么系统。

[①] 包括美国、加拿大在内的部分国家采用这种教育制度：学生从幼儿园开始进行 12 年的基础教育，即 6 年小学（含幼儿园）、4 年初中、两年高中。——译者注。

在职培训

在很多领域，持证的专业人士必须不停地获取教育积分，使资格证不过期，也保证自己的技能不过时。就像第 3 章中讲到的儿科神经医师道格·拉尔森一样，考虑到他们繁忙的日程，从医培训一般会被压缩成周末的研讨会，在酒店或度假村举行，包括幻灯片讲座和餐会——根本看不到检索练习、间隔练习、穿插练习等学习方法的影子，参加者能保住已经掌握的东西就很不错了。

如果你发现自己身处其中，那么或许应该考虑做一些事情。一是拿一份会议资料，测验自己对核心概念的理解，就像演员纳撒尼尔·富勒测验自己对剧本情节、台词，以及角色多重含义的理解一样。二是每月整理邮箱中收到的后续邮件，或者用问题考查自己，检索自己从研讨会上学到的重点知识。三是联系你的职业协会，让他们考虑按照本书中列出的要点对会员进行培训。

一个名为 Qstream 的收费培训平台可以帮助培训者与学习者。它是根据测验效应设计的，可以让培训者周期性地向学习者的移动设备发送测验题，从而通过有间隔的检索练习提高学习效果。类似的平台还有 Osmosis，通过手机和互联网上的软件，学习者可以访问数千份"众包"[①]的练习题与答案。Osmosis 结合

---

① "众包"是指一家公司或机构把过去由员工执行的工作任务，以自由自愿的形式外包给非特定的（而且通常是大型的）大众网络的做法。——编者注

测验效应、间隔练习及社交网络，促进了其开发者所谓的"学生驱动的社交性学习"。Qstream（qstream.com）和Osmosis（osmose-it.com）显示出重新设计在职培训的可能性。很多公司正在开发类似的程序。

商业教练凯西·迈克斯纳

迈克斯纳集团是一家咨询公司，位于俄勒冈州的波特兰市，帮助企业确定增长战略，改进销售策略。凯西·迈克斯纳的客户有大有小。其中一家大客户通过与迈克斯纳的合作，为公司增加了2 100万美元的年收入。而一家名为"穴位针灸"的小公司（在本章最后会简要介绍）学会了如何从临床实践着手，建立扎实的业务管理基础——该公司业务增长的速度已经超过了管理系统能应付的程度。

我们之所以对凯西·迈克斯纳产生兴趣，是因为她在职业生涯中开发出的指导技巧，与本书描述的学习原理非常贴合。简而言之，迈克斯纳把帮助客户发掘问题症结，找到其根源，生成解决方案，并在方案实施前预演可能的后果，当作自己的任务。

迈克斯纳告诉我们："如果直接把解决方案交给客户，他们就不需要知道方案从何而来。如果客户能自己得出解决方案，他们又会一条道走到黑。在解决问题的道路上向左还是向右，是我们要讨论的选择。"[11]

迈克斯纳和不同领域的客户合作多年，这种经历帮助她看得更远，能发现风险所在。她经常使用角色扮演的方式模拟问题，让客户自己得出解决方案，进行尝试，得到反馈，然后再实践有用的部分。换言之，她假设了各种困难，让学到的知识更扎实，更准确地反映出客户会在市场上遭遇什么问题。

农夫保险公司

企业销售培训非常复杂，一般涉及企业文化、企业信仰及企业行为，还要学习如何推广和保护品牌。它也是一项技术活儿，要学习产品的优势和特点。而且，它在某种程度上与战略有关，要了解目标市场，知道如何调动预期把东西卖出去。在农夫保险公司，销售主力是1.4万独家代理商，培训课程必须把它们的代表变得如企业家一般成功，并管理好自己的代理店。

农夫保险公司出售地产、伤残补助，以及年金、共同基金一类的投资产品，其市场规模大约是每年200亿美元。相关培训行业的规模也很可观，不过我们关注的是公司如何招徕新代理商，如何在4个销售领域培训他们，以及采取什么样的营销机制、业务规划及品牌推广战略。公司的新代理培训很好地证明了：穿插安排学习内容，以及在不同但相关的主题上展开练习，可以给不同的主题添加含义，拓展和深化代理商的能力。

公司每年最多招募2 000名代理。许多人来自传统行业，想要自己做生意，却不想费力去建立新的产品线。公司会安排新代理去两个培训园区之一，参加为期一周的培训项目，课程安排得很满，练习的难度是旋梯式的，旨在提高代理们的经验。

一开始，参与者会拿到一些杂志、剪刀和记号笔，用来在海报板上描述自己的想象：5 年后成为一名成功的代理商会是什么情景。有些人贴出了洋房、豪车，有些人则是送孩子上大学，让年迈的父母颐养天年。这样做的意义很简单：如果你对成功的定义是年收入 25 万美元，手中握有 2 500 项伤残补助可以出售，那么我们要帮助你的是，给你设定第四年、第三年，甚至从现在开始三个月后的目标，定下向后推的评估标准。海报上的图片是你的目标，评估标准是你的路线图，未来几天和数月学到的技能则是工具，让你能完成这段行程。

自此，这一周就不是由上而下的说教了——没有幻灯片讲座之类的东西，而是一种由下而上的学习，例如："为了成功，我需要什么知识和技能？"

学习是通过一系列练习慢慢展开的，包括反复讲述销售的主要议题、营销机制、业务规划，以及推广公司的价值观与品牌——每重复一遍，受训者都要回忆他们从之前的课程中学到了什么，以及如何在更广阔的新背景下应用这些知识。

例如，受训者第一次抵达培训园区时，被分为红、蓝、绿三组。红组要在屋子里与人会面，蓝组要在屋子里了解关于某人的三件事情；绿组要询问班上同学的家庭、之前的职业、喜欢的娱乐形式，以及各自的喜好。当三组受训者再聚起来的时候，他们要讲出知道了其他人的什么信息。很快就能看出来，被安排互相交谈的绿组知道比别人更多的事情。

等本周晚些时候讲到销售时,培训者会提出一个问题:了解一个潜在客户的有效方式是什么?有些人就能回忆起刚见面时颇有成效的练习:询问家庭情况、职业、娱乐活动与兴趣。这些带动气氛的闲聊变成了有效的工具,可以让人了解一名潜在的客户。为了方便记忆,我们用"FORE"[①]这个首字母缩写得来的词代表四种问题。

在一周的时间里,培训的四个主要议题被反复提及,让受训者了解这些概念,然后练习会转移到相关的问题上。在其中的一堂课里,受训者会来一场头脑风暴,讨论什么样的营销与开发策略,可以让他们持续获得潜在客户,实现销售目标。"5-4-3-2-1"结构被视作一套有效的销售与营销机制:每月发起5次新业务营销活动,保证随时准备着4个穿插营销与4个客户留存项目,每天安排见3个客户,保证实际见2个客户(计划赶不上变化),在每笔销售中,平均向1个新客户出售两份保险。按每月22个工作日计算,一年就有大约500份保险单,5年计划就可以被定成2 500份保险单。

练习是一项重要的学习策略。举例来说,受训者会练习如何与潜在客户沟通。他们了解的销售知识,不仅是试着把公司的产品卖出去,也包括对自己所出售产品本身的了解——这不是坐在幻灯片前面盯着一长串产品特点就能知道的。你扮演代理,我扮

---

① 分别指家庭(Family)、职业(Occupation)、娱乐(Recreation),以及兴趣(Enjoyment)。——译者注

演客户，然后我们互换。

把这些练习安插在课程中，也是帮助新代理了解公司历史、立场和产品价值的方法，如飓风卡特里娜过后，公司帮助人们灾后重建的故事。

在强调了营销，以及新代理只需投入很少的资金后，代理要怎样判断哪种策略可以获得回报呢？这个问题也可以延伸为：广告邮件可以带来多少回报呢？代理们开始讨论，并漫无目的地瞎猜。一般来说，至少有一名代理具备广告邮件的销售经验，他会提供一个清醒的答案：回复邮件进行咨询的人数接近1%，而不是很多人想象中的50%。

一旦找到一名潜在客户，如何确定公司的哪些产品可以满足他的要求呢？代理们又回到"FORE"模型，询问一个人的家庭、职业、娱乐活动和兴趣。这一习惯具备实际的效果，而不只是让人们相互熟悉的工具。它让代理们找到一种方式，可以切入生活中最重要的四个方面。在这些领域，保险和理财产品能帮助人们保护自己的资产，实现自己的财务目标。每一次转变话题，理解都会更深一步，新技能也会逐渐成形。

通过生成、间隔练习，以及将课程的核心内容穿插起来学习，加上对5年计划与发展方案的专注，新代理学到了自己该做些什么，以及怎样做才可以和农夫保险公司共同发展壮大。

捷飞络公司

服务本地市场的汽车修理店在培训上也可以创新，捷飞络就是一个例子。捷飞络大学有一套完整的教育课程，帮助连锁店获得客户，减少员工流失，扩大业务范围，以及提高销售额。

捷飞络连锁网络在美国和加拿大有超过2 000家服务中心，提供机油更换、轮胎保养及其他汽车服务。虽然它是壳牌石油公司旗下的一家子公司，但每间店面都是独立连锁经营的，而且归经营者所有。招聘员工、服务客户这些工作都由经营者自己完成。

和多数生意一样，快速更换机油业务也要根据市场变化做出调整，在技术上不断地更新换代。合成润滑剂的出现降低了换机油的频率，再加上汽车技术不断复杂化，员工需要进行更高水平的培训，理解车辆的诊断代码，提供合适的服务。

如果没有拿到专家级别的认证，捷飞络的员工是不能碰顾客的汽车的。为了获得这一认证，员工会去捷飞络大学这个网络学习平台进修。在取得认证的过程中，员工首先要做的是在线上进行交互式学习，接受频繁的小测验，并获得反馈，学习工作内容的具体要求以及如何进行这项工作。员工得到80分或更高的成绩后，就可以进行工作内容的培训了，依据把每项服务分解成具体操作步骤的指导手册练习技能。有的服务可能多达30个步骤，而且要求由一组员工共同完成，通常涉及呼叫与回复（例如两个人工作，一个在引擎上面，一个在引擎下面）。一名监督员负责按步骤对员工教学，还会评估他们的表现。当技师完全掌握了技术后，监督员就会签名，把认证添加到他的档案中。每两年必须重新认证一次技师技能，以保证水平没有下降，知识没有落伍。修理刹车或诊断引擎故障等更高级的工作也以同样的方式培训。

在线学习与实际操作培训是主动学习策略，整合了各种形式的小测验、反馈、间隔练习与穿插练习。计算机会在一块虚拟的"工作板"上记录员工的全部受训成果，以便他们自行安排学习计划，及时了解自己的成绩，专注于自己需要提升的技能，并对比自己的进步与公司的工作进度。捷飞络员工的年龄一般在18～25岁，而且这是他们的首份工作。在一项工作上拥有了技师认证，他们便可以参加另一项工作的培训，直到熟悉店内所有岗位的工作，包括经理岗。

捷飞络国际公司教育与发展经理肯·巴伯指出，为了保证员工专心致志，培训必须有参与过程。就在我们与巴伯交流时，他正准备推出一款为公司经理设计的电脑模拟游戏，名叫"驻店经理的一天"。在游戏中，服务中心的经理会碰上诸多挑战，要在一系列策略中做出选择，解决遇到的问题。经理的选择决定了游戏的走向。游戏会给出反馈，提出更为合理的建议，从而提高经理的决策能力。

开设6年来，捷飞络大学在培训领域广受称赞，而且获得了美国教育委员会的官方认证。通过培训获得所有工种认证的员工，可以前往高等教育机构进修，获得7学时的大学学分。由于该项目的开展，员工的流失率降低了，客户的满意度也提升了。

"对于捷飞络连锁店的多数员工来说,这是就业的一种方式。培训课程可以帮助他们不断成长,拓展知识面,"巴伯说,"从而让他们找到一条通往成功的道路。"(12)

安德森门窗公司

安德森门窗公司提倡持续提升的企业文化,教育的方向因此有所颠倒:生产线上的工人教经理如何更有效地运作工厂。

从两个方面看,这个故事与本章中的其他案例略有不同。一是在工作场所打造一种学习文化,二是让员工运用所学改变工作环境。公司鼓励员工找出工作中的问题,提出改进意见。这种做法是对前面讨论过的一种最有效的学习技巧的支持:努力去解决一个问题。

值得一提的是,公司里名为"安德森更新"的部门生产各种类型和尺寸的窗框:双悬窗、门式窗、滑动窗、观景窗,以及各种非传统形状的特制窗。

该部门的工厂设在明尼苏达州科蒂奇格罗夫市。双悬窗生产线有 36 名员工,采用 8 小时轮班制。工人们分成三个小组:一组负责加工窗格,一组负责加工窗框,另一组负责组装。每组有四个工作台,在组长的带领下工作,组长要负责安全、质检、成本,以及组内的产品交递。工人们每两小时就会换一次工作,将重复作业压力可能导致的损伤降至最低,也熟悉了其他工作。就像把两种或更多不同但相关的题目穿插在一起练习一样,经常更换工种让工人们熟悉了业务部负责的整个流程。如有意外发生,工人们也能及时顶替,完成工作。

每项工作都按照一份书面标准完成,这份标准列出了工作的每一个步骤和作业方式。对于产品的统一性和质量来说,一份书面标准是至关重要的。工厂经理里克·韦温表示,如果没有标准,四个人就会有四种不同的作业方式,生产出四套各不相同的产品。

新员工入职的时候,工厂会培训他遵照步骤练习,并进行反馈。韦温将这个过程称为"讲解—演示—操作—复习"。"一老"带"一新",将流水线上的作业当成练习,并依靠反馈提高表现,从而符合书面标准。

工人培训经理又是怎么回事呢?当工人想出一个主意,可以提高产能,而经理也认可这种方法时——就像调整零件运送到工作台的方式那样,让工人们可以更轻松、更快速地将其组装起来——那么提出这个方法的工人就可以暂时离开生产线,帮助落实新的标准。"大家的想法都有价值,"韦温说,"无论你是工程师、维护技师,还是生产线工人。"[13] 同样,当一个生产小组未能完成预定的目标时,工人也可以指出问题在哪里,离开生产线去解决这个问题。

在韦温所说的"改善法"中,员工担任导师角色的做法体现得最为淋漓尽致。"改善"一词来自日文①,"改善法"是丰田汽车公司获得成功的关键所在,而且一直被许多其他公司采用,以

---

① 日文汉字"改善"的罗马注音为"Kaizen"。——译者注

期创造一种持续改进的文化。

当韦温想要大幅提高双悬窗生产线的产能时，他会召集一个设计团队，采用"改善法"研究方案。团队成员包括一名工程师、一名维护技师、一名生产线的组长，以及五名生产线工人。韦温将给出一个延伸目标：把生产线上的空间需求缩小40%，并让产量加倍（延伸目标是指单靠小幅提高无法实现，只能靠方法的重大革新才可以实现的目标）。在为期一周的时间里，团队每天在会议室里待8个小时，彼此弄清楚生产流程上的结构、产能极限，以及限制条件，并问自己如何才能让流程短而精干。一周后，他们会找到韦温，说："这是我们的改进方案。"

韦温把方案拿到生产线上的12个工作台，问工人们一个问题：想启用这项方案，需要做哪些改动？工人们会和组长凑在一起，重新设计零部件，使其符合方案要求。他们会用两个周末的时间，拆解生产线，重组成两个部分，重启，再用几个月的时间调试、磨合。工人们提出的200条新建议被加入工作流程中。这是一个包含测验、反馈及修正的学习过程。

结果5个月后，工厂实现了韦温的延伸目标，成本也被削减了一半。在转型调试的过程中，生产团队没有一次延迟交货，没出过一起质量事故。参与原则——主动寻求各个层级员工的意见——是公司持续改善文化的核心。"参与是一种管理方式，代表着信任和主动交流的意愿。"韦温说。生产线上的工人在工作中学到了如何完善设计。公司提供了听取建议的方式，让员工参与新方案的实施。

重视学习的企业文化赋予员工学习的责任，并授权他们改动整个机制。问题成了信息而不是失败。通过解决问题（生成）以及教育他人（细化）来学习，学习就变成了持续改善绩效的引擎，无论对于个人，还是对于生产线上的团队来说，都是一样的。

穴位针灸诊所

有时候，正确的学习与教育可以改变一个人的人生轨迹。埃里克·艾扎克曼就是一个例子。30多岁的艾扎克曼是两个孩子的父亲，对中国传统医学非常感兴趣，热衷于实践针灸、按摩及草药治疗。在俄勒冈州的波特兰市开设穴位针灸诊所，是艾扎克曼中医实践过程中的一个转折点，他的诊所在诊疗水平上很成功，但作为一门生意来说却不怎么样。我们就用这个故事结束这一章。

从大学的中医学专业毕业后，艾扎克曼与合作伙伴奥利弗·莱昂耐迪在2005年开设了一家诊所。通过网络和创新型营销，两人开始拥有稳定的客流。波特兰当地对替代疗法的热情很高。他们的生意发展起来了，但是开销极大：他们租了一栋大房子，雇了助手管理办公室，负责病人的预约，又请了一名医师，还招了一个打杂的员工。"当时我们的业绩每年都以35%～50%的速度增长，"艾扎克曼回忆道，"增长掩盖了很多缺失。我们没有成本管理机制，没有明确的目标，也不分管理层级。很快事实便证明，我们根本不知道如何经营企业。"[14]

俄勒冈州商业教练凯西·迈克斯纳也是艾扎克曼的病人，她伸出了援手。"没有管理的增长很可怕，"她说，"你跳过了头，就要摔跟头。"她提出了很多问题，很快就让艾扎克曼与莱昂耐迪开始考虑，自己的机制有什么漏洞，之后三人又安排了一项频繁的培训计划。在课程间隙，艾扎克曼与莱昂耐迪找出了诊所的组织架构中缺失的要素：操作规程、职位描述、财务目标，以及衡量医师表现的指标。

每个生意都为两位主人服务：一个是顾客，另一个是利润。艾扎克曼反思了他们的学习曲线，说道："我们的医师不能只知道传统中医，还要懂得如何在诊疗病人的过程中确立一种关系，懂得指导病人了解自己的保险范围。让顾客满意是最要紧的事情，但也要想到付账单的是我们自己。"

迈克斯纳在培训的过程中使用了生成、反思、细化和演练等方法，通过提问发现思路中的缺陷，加深两人对所需工具与行为的理解，让他们依靠这些工具和行为成为追求效率的经理人，以及员工的带头人。

他们设计了一套系统来统计诊所的各项指标，例如病人就诊的次数、病人流失的比例，以及推荐诊所的消息源。他们学到了如何才能确保自己从保险公司拿到应得的款额，把这部分报销收入从人均30美分提高到了1美元。他们起草了一份统一的规范，或称模板，以便医师在接待新病人时遵守。他们还同员工互换角色，进行交流。

给诊所打下稳固基础的关键是，艾扎克曼本人成了一名高效的教练和同事的教师。"我们不是仅靠直觉。"他说。举例来说，在初诊一名病人时，医师要遵守的新规范可以帮助他们明确，是什么吸引病人前来就诊，哪些疗法可能有效，如何用病人可以理解的词语介绍这些疗法，如何与之商量诊疗费用与保险报销，以及如何向病人推荐一种治疗方案。

"医师要参加角色扮演：你现在是病人，而我是医师。我们会发现问题，找到目标，然后练习如何回复病人，最后在病人和诊所两者之间找到平衡点。我们再互换角色。我们会把整个角色扮演的过程记录下来，倾听中间的差异：你是如何回复病人的，而我又是怎么做的。"

换句话说，他们通过模拟、生成、测验、反馈和练习来学习。

我们在撰写本书时，穴位针灸诊所已经迎来了8岁生日，员工包括4名医师、2名杂工与1名兼职员工。他们马上要招聘新医师，而且打算开第二家诊所。通过下功夫让自己成为学生兼教师这种方式，艾扎克曼与莱昂耐迪把激情变成了靠谱的事业，在波特兰市开了一家顶级的针灸诊所。

学习是本书讨论的主要内容，而非教育。学习的责任是个人的，而教育（以及培训）的责任则落在社会机构肩上。教育也有自己的难题：我们在教授正确的东西吗？孩子接受教育的年龄够早吗？如何评估教育成果？大学文凭是年轻人的未来吗？

这些都是非常紧要的问题，我们需要努力给出答案。但在我们努力的同时，学生、教师及培训人员也应该立即采用本书列举的高效学习技巧。这些技巧没有成本，不牵扯结构性改革，带来的益处却是切实且长久的。

注 释

1. 学习是挑战天性的必修课

（1） 心智模型一词的首次提出是为了表达复杂的概念性表征，例如对电网或汽车引擎运行机制的理解。我们在这里将其延伸到运动技能上，指代那些有时被称为"运动图式"的东西。

（2） 有关学生学习策略的数据来自一项调查：J. D. Karpicke, A. C. Butler, & H. L. Roediger, Metacognitive strategies in student learning: Do students practice retrieval when they study on their own?, *Memory* 17 (2010), 471–479。

（3） 2011年3月28日，在明尼苏达州黑斯廷斯，彼得·布朗采访了马特·布朗。书中所有马特·布朗的言论均出自此次采访。

（4） 访问 http://caps.gmu.edu/educationalprograms/pamphlets/StudyStrategies.pdf 可找到该建议，2013年11月1日仍有效。

（5） 访问 www.dartmouth.edu/~acskills/docs/study-actively.doc 可找到该建议，2013年11月1日仍有效。

（6） 引自《圣路易邮讯报》的这则学习建议被《教育报》网转发。可访问 http://nieonline.com/includes/hottopics/Testing%20Testing%20123.pdf 查阅，Testing 1, 2, 3! How to Study and Take Tests 的第14页，2013年11月2日网址仍有效。

（7） 研究证明，仅重复回忆事物细节是无效的，例如回想1分钱的样子，或回忆灭火器在建筑里的位置。相关研究摘自 R. S. Nickerson & M. J. Adams, Long term memory of a common object, *Cognitive Psychology* 11 (1979), 287–307, and A. D. Castel, M. Vendetti, & K. J. Holyoak, Inattentional blindness and the location of fire extinguishers, *Attention, Perception and Performance* 74 (2012), 1391–1396。

（8） 托尔文提到的实验摘自 E. Tulving, Subjective organization and the effects of repetition in multi-trial free recall learning, *Journal of Verbal Learning and Verbal Behavior* 5 (1966), 193–197。

（9） 关于重复阅读对后期的记忆没有太大效果的实验摘自 A. A. Callender & M. A. McDaniel, The limited benefits of rereading educational texts, *Contemporary Educational Psychology* 34 (2009), 30-41。

（10） 有关学生更愿意把重复阅读当作一种学习策略的调查出自 Karpicke et al., Metacognitive strategies。相关数据来自 J. McCabe, Metacognitive awareness of learning strategies in undergraduates, *Memory & Cognition* 39 (2010), 462-476。

（11） "以为自己知道"的假象是贯穿本书的一个主题。相关内容多引自 Thomas Gilovich, *How We Know What Isn't So: The Fallibility of Human Reason in Everyday Life* (New York: Free Press, 1991)。

（12） R. J. Sternberg, E. L. Grigorenko, & L. Zhang, Styles of learning and thinking matter in instruction and assessment, *Perspectives on Psychological Science* 3 (2008), 486-506.。

（13） 哥伦比亚中学的项目摘自 M. A. McDaniel, P. K. Agarwal, B. J. Huelser, K. B. McDermott, & H. L. Roediger (2011). Test-enhanced learning in a middle school science classroom: The effects of quiz frequency and placement. *Journal of Educational Psychology*, 103, 399-414。

（14） 第 2 章详细介绍了测验是一种学习工具的概念。其中引用的资料（以及认知心理学在教育领域的其他应用）摘自 M. A. McDaniel & A. A. Callender, Cognition, memory, and education, in H. L. Roediger, *Cognitive Psychology of Memory*, vol. 2 of *Learning and Memory: A Comprehensive Reference* (Oxford: Elsevier, 2008), pp. 819-844。

2. 学习的本质：知识链和记忆结

（1） 2011 年 12 月 31 日，彼得·布朗在明尼苏达州瓦巴萨采访了迈克·埃伯索尔德。书中所有埃伯索尔德的言论均出自此次采访。

（2） 有关遗忘曲线的早期著作由心理学家艾宾浩斯在 1885 年出版，并于 1913 年被翻译成英文，名为 *On Memory*。该书最新版为 H. Ebbinghaus, *Memory: A contribution to experimental psychology* (New York: Dover,

注 释

1964)。艾宾浩斯通常被视为"记忆科学研究之父"。

（3） 这段亚里士多德与培根的引文来自 H. L. Roediger & J. D. Karpicke, The power of testing memory: Basic research and implications for educational practice, *Perspectives on Psychological Science* 1 (2006), 181–210。

（4） Benedict Carey, "Forget what you know about good study habits," *New York Times*, September 7, 2010。该文报道的研究是 H. L. Roediger & J. D. Karpicke, Test-enhanced learning: Taking memory tests improves longterm retention, *Psychological Science* 17 (2006), 249–255。

（5） A. I. Gates, Recitation as a factor in memorizing, *Archives of Psychology* 6 (1917) and H. F. Spitzer, Studies in retention, *Journal of Educational Psychology* 30 (1939), 641–656。这两项针对中小学生展开的大型研究，首次记载了测验或背诵教谕式课本中的资料，可以提高对资料的记忆。

（6） 研究涉及对比反复测验与反复学习的是 E. Tulving, The effects of presentation and recall of material in free-recall learning, *Journal of Verbal Learning and Verbal Behavior* 6 (1967), 175–184.。研究测验可以减少遗忘资料数量的是 M. A. Wheeler & H. L. Roediger, Disparate effects of repeated testing: Reconciling Ballard's (1913) and Bartlett's (1932) results, *Psychological Science* 3 (1992), 240–245。

（7） 生成的正面效果出现在 L. L. Jacoby, On interpreting the effects of repetition: Solving a problem versus remembering a solution, *Journal of Verbal Learning and Verbal Behavior* 17 (1978), 649–667。这个实验室实验表明，和复习所学的信息相比，生成能让人记得更好，而且生成目标信息不一定有很大难度。

（8） 两篇论文描述了哥伦比亚中学的研究：H. L. Roediger, P. K. Agarwal, M. A. McDaniel, & K. McDermott, Test-enhanced learning in the classroom: Long-term improvements from quizzing, *Journal of Experimental Psychology: Applied* 17 (2011), 382–395, 和 M. A. McDaniel, P. K. Agarwal, B. J. Huelser, K. B. McDermott, & H. L. Roediger, Test-enhanced learning in a middle school science classroom: The effects of quiz frequency and placement, *Journal of Educational Psychology* 103 (2011),

399-414。这两篇论文与一项受到良好控制的实验有关，首次记载了小测验对中学生社会学与科学考试成绩的帮助。实验成果表明，和没有小测验或直接复习单元考试、学期考试、学年考试中的目标概念相比，小测验能让成绩有很大提高。此外，在某些例子中，一次单独的安排较为完善的复习小测验对考试成绩的提高效果，等同于进行数次重复小测验。参与实验的首位教师、校长，以及其中一位首席研究员对该项目的观点值得一看，可以参考 P. K. Agarwal, P. M. Bain, & R. W. Chamberlain, The value of applied research: Retrieval practice improves classroom learning and recommendations from a teacher, a principal, and a scientist. *Educational Psychology Review* 24 (2012), 437-448。

(9) 2011年10月27日，在伊利诺伊州哥伦比亚中学，彼得·布朗采访了罗杰·张伯伦。书中所有张伯伦的言论均出自此次采访。

(10) 2011年12月22日，彼得·布朗在密苏里州圣路易斯采访了安德鲁·索贝尔。书中所有索贝尔的言论均出自此次采访。

(11) 此处提到的实验摘自 H. L. Roediger & J. D. Karpicke, Test-enhanced learning: Taking memory tests improves long-term retention, *Psychological Science* 17(2006), 249-255。实验显示，回忆学习过的散文段落，能让人在2天和1周后更好地记住内容，效果好于重新学习这些段落。更早的一项利用单词表的研究得出了同样的结果，见 C. P. Thompson, S. K. Wenger, & C. A. Bartling, How recall facilitates subsequent recall: A reappraisal. *Journal of Experimental Psychology: Human Learning and Memory* 4 (1978), 210-221。实验证明，对于立即进行的测验来说，集中学习的效果好于练习检索，延后测验则结果相反。

(12) 关于反馈的效果有很多研究，其中之一是 A. C. Butler & H. L. Roediger, Feedback enhances the positive effects and reduces the negative effects of multiple-choice testing. *Memory & Cognition* 36 (2008), 604-616。实验证明，单靠反馈就可强化测验的效果，而且稍有延迟的反馈可能会产生更好的效果。作者还证明，反馈可以强化选择题考试的正面效果，并弱化其负面效果。对于运动技能来说，较为经典的文章是 A. W. Salmoni, R. A. Schmidt, and C. B. Walter, Knowledge of results and motor learning: A

注 释

review and critical reappraisal. *Psychological Bulletin* 95 (1984), 355–386。作者提出了运动学习中反馈效果的指导性假设：频繁的即时反馈不利于长期的学习——虽然能提高现时的成绩，因为它提供的帮助在延后测验中不会再出现。

（13） 开卷考试研究见 P. K. Agarwal, J. D. Karpicke, S. H. K. Kang, H. L. Roediger, & K. B. McDermott, Examining the testing effect with open-and closed-book tests, *Applied Cognitive Psychology* 22 (2008), 861–876。

（14） 比照测验类型的研究见 S. H. Kang, K. B. McDermott, H. L. Roediger, Test format and corrective feedback modify the effect of testing on long-term retention. *European Journal of Cognitive Psychology* 19 (2007), 528–558, 以及 M. A. McDaniel, J. L. Anderson, M. H. Derbish, & N. Morrisette, Testing the testing effect in the classroom. *European Journal of Cognitive Psychology* 19 (2007), 494–513。这些类似的实验证明——一项在实验室中进行，另一项在大学课堂上进行——简答题小测验辅以反馈能让学生在期末测验上获得更好的成绩，好于带反馈的辨析题小测验。这意味着检索付出的努力越大，测验效应就越强，就像简答题的效果通常好于选择题一样。然而，某些研究显示选择题测验，尤其是重复出现的选择题测验，在课堂上的正面效果和简答题测验一样，见 K. B. McDermott, P. K. Agarwal, L. D'Antonio, H. L. Roediger, & M. A. McDaniel, Both multiple-choice and shortanswer quizzes enhance later exam performance in middle and high school classes, *Journal of Experimental Psychology: Applied* (in press)。

（15） 这些研究检查了学生们将测验作为一种学习策略的使用情况：J. D. Karpicke, A. C. Butler, & H. L. Roediger, III, Metacognitive strategies in student learning: Do students practice retrieval when they study on their own?, *Memory* 17 (2009), 471–479, 以及 N. Kornell & R. A. Bjork, The promise and perils of self regulated study, *Psychonomic Bulletin & Review* 14 (2007), 219–224。这些研究报告了大学生将检索练习当作学习技巧的调查情况。

（16） 参加测验——即便没能准确地回忆出相关信息，也可以从一段新的学习经历中增强所学,见 K. M. Arnold & K. B. McDermott, Test-potentiated learning: Distinguishing between the direct and indirect effects of tests, *Journal of Experimental Psychology: Learning, Memory and Cognition* 39 (2013), 940-945。

(17) 关于频繁进行低权重测验的研究见 F. C. Leeming, The exam-a-day procedure improves performance in psychology classes, *Teaching of Psychology 29* (2002), 210-212。作者发现,如果在每堂课开始时进行一次小测验,出勤率就会更高;而且,学生会感觉自己学的东西更多,超过整个学期只进行四次测验的学生。不同分组(有每日一测和没有每日一测相比)的期末考试成绩证明了学生们的感觉。另一项在课堂上进行的有趣研究见 K. B. Lyle & N. A. Crawford, Retrieving essential material at the end of lectures improves performance on statistics exams, *Teaching of Psychology* 38 (2011), 94-97。

针对检索练习和测验研究所撰写的两则评论见 H. L. Roediger & J. D. Karpicke, The power of testing memory: Basic research and implications for educational practice, *Perspectives on Psychological Science* 1 (2006), 181-210。在近百年的科研历史上,这篇论文对实验室与课堂研究给出了较为全面的评述,证明了测验可以成为一种强有力的学习工具。更新的一篇评论指出,除了检索练习的直接收效,频繁的测验也有很多益处,见 H. L. Roediger, M. A. Smith, & A. L. Putnam, Ten benefits of testing and their applications to educational practice, in J. Mestre & B. H. Ross (eds.), *Psychology of Learning and Motivation* (San Diego: Elsevier Academic Press, 2012)。本章简要地介绍了把测验作为一种学习技巧的若干好处。

3. "后刻意练习"时代的到来

(1) 关于沙包研究的报告见 R. Kerr & B. Booth, Specific and varied practice of motor skill, *Perceptual and Motor Skills* 46 (1978), 395-401。

(2) 涉及各种资料和培训任务,控制良好的多项实验得出了坚实的证据,证明集中练习(反复不停地做同一件事情,通常是学习者偏爱的一种策

注　释

略）在学习和记忆上的效果不如间隔和穿插练习。关于记忆间隔效应的研究文献见 N. J. Cepeda, H. Pashler, E. Vul, J. T. Wixted, & D. Rohrer, Distributed practice in verbal recall tasks: A review and quantitative synthesis, *Psychological Bulletin* 132 (2006), 354–380。

（3）　手术实验见 C-A. E. Moulton, A. Dubrowski, H. Mac-Rae, B. Graham, E. Grober, & R. Reznick, Teaching surgical skills: What kind of practice makes perfect?, *Annals of Surgery* 244 (2006), 400–409。这项研究随机指派住院医师，要么用一整天时间上一堂关于手术规程的课，要么在数周用四段较短的时间进行一次实验性质的课程。结果发现，有间隔的授课让医师更牢固地记住了手术技巧，他们操作起来也更得心应手。研究结果让医学院重新检查了自己的标准教学法，即把一项手术技巧的学习安排在一堂非常紧张的课上，采用填鸭式的方法教学。

（4）　对数学问题进行穿插练习也有益处，研究见 D. Rohrer & K. Taylor, The shuffling of mathematics problems improves learning, *Instructional Science* 35(2007), 481–498。在数学课本上，标准的练习按照题型把问题分类。实验室实验则证明，从期末成绩上看，这种标准练习的效果不佳，按照题型给出新问题的做法不如从不同题型中抽出题目混合起来（穿插练习）。

（5）　关联练习策略区别与运动记忆加固区别的研究见 S. S. Kantak, K. J. Sullivan, B. E. Fisher, B. J. Knowlton, & C. J. Winstein, Neural substrates of motor memory consolidation depend on practice structure, *Nature Neuroscience* 13 (2010), 923–925。

（6）　变位词研究见 M. K. Goode, L. Geraci, & H. L. Roediger, Superiority of variable to repeated practice in transfer on anagram solution, *Psychonomic Bulletin & Review* 15 (2008), 662–666。研究人员设计了一套练习，想出了一组单词的变位词：一组人每次练习对一个特定目标词的同样的变位（集中练习），而另一组人每次练习对一个特定目标词的不同的变位（多样化练习）。在最终测验中，给后一组人的变位词正是前一组人反复练习的，但令人惊讶的是，他们的成绩要好于前一组。

（7）　关于学习艺术家风格的实验见 N. Kornell & R. A. Bjork, Learning concepts and categories: Is spacing the "enemy of induction"?, *Psychological*

Science 19 (2008), 585-592。在这些实验中, 大学生要学习许多不太为人熟知的艺术家的作画风格。相比把每位艺术家的画作集中在一起学习, 把不同艺术家的作品交叉起来学习可以让学生更好地记忆。然而, 大多数学生并不认可这一真实的学习成果, 坚持认为集中展示的方法更好。另一项有启发的研究见 S. H. K. Kang & H. Pashler, Learning painting styles: Spacing is advantageous when it promotes discriminative contrast, *Applied Cognitive Psychology* 26 (2012), 97-103。研究证明, 将不同画作样例混合起来有助于凸显艺术家风格上的差异(也就是书中所说的差别对比)。

(8) 提高对不同案例差异性的辨识, 有益于概念性学习, 这一发现见 L. L. Jacoby, C. N. Wahlheim, & J. H. Coane, Test-enhanced learning of natural concepts: effects on recognition memory, classification, and metacognition, *Journal of Experimental Psychology: Learning, Memory, and Cognition* 36 (2010), 1441-1442。

(9) 出自2011年12月23日彼得·布朗在密苏里州圣路易斯对道格·拉尔森的采访。书中所有拉尔森的言论均出自此次采访。

(10) 道格·拉尔森的作品可在下列文章中查询: D. P. Larsen, A. C. Butler, & H. L. Roediger, Repeated testing improves long-term retention relative to repeated study: a randomized controlled trial. *Medical Education* 43 (2009), 1174-1181; D. P. Larsen, A. C. Butler, A. L. Lawson, & H. L. Roediger, The importance of seeing the patient: Test-enhanced learning with standardized patients and written tests improves clinical application of knowledge, *Advances in Health Science Education* 18 (2012), 1-17; D. P. Larsen, A. C. Butler, & H. L. Roediger, Comparative effects of test-enhanced learning and self-explanation on longterm retention, *Medical Education* 47, 7 (2013), 674-682。

(11) 出自2012年2月18日彼得·布朗在佐治亚州阿森斯对文斯·杜利的采访。书中所有杜利的言论均出自此次采访。

(12) 研究学习问题的心理学家长期致力于区别短时成绩与真正学到的东西(后者要在一段时间后再考查, 可以有一定的提示)。一个简单的例子是, 某人告诉你詹姆斯·门罗是美国第五任总统。若是在当天或当周问你谁是

注 释

美国第五任总统，你差不多都能回答出来，因为你刚刚听过答案（这是提高了暂时的记忆强度，被心理学家比约克夫妇称为检索强度）。然而，如果一年之后再有人问你，这时考验的就是习惯强度，比约克夫妇称之为存储强度。见 R. A. Bjork & E. L. Bjork, A new theory of disuse and an old theory of stimulus fluctuation, in A. F. Healy, S. M. Kosslyn, & R. M. Shiffrin (eds.), *From learning processes to cognitive processes: Essays in honor of William K. Estes* (vol. 2, pp. 35-67) (Hillsdale, NJ: Erlbaum, 1992)。近期的讨论可见 N. C. Soderstrom & R. A. Bjork, Learning versus per for mance, in D. S. Dunn (ed.), Oxford Bibliographies online: Psychology (New York: Oxford University Press, 2013) doi 10. 1093/obo/9780199828340-0081。

4. 知识的"滚雪球"效应

（1）米娅·布伦戴特的所有言论均出自2013年2月9日及3月2日彼得·布朗对她的电话采访。彼得·布朗当时在得克萨斯州奥斯汀，米娅·布伦戴特在驻日富士军营。

（2）"学习中的合意困难"源自文章 R. A. Bjork & E. L. Bjork, A new theory of disuse and an old theory of stimulus fluctuation, in A. F. Healy, S. M. Kosslyn, & R. M. Shiffrin (eds.), *From learning processes to cognitive processes: Essays in honor of William K. Estes* (vol. 2, pp. 35-67) (Hillsdale, NJ: Erlbaum, 1992)。这个概念似乎是反直觉的——把一项任务变得更难能让人学得更好、记得更牢？本章其余内容将解释这个疑问，以及出现这个疑问的原因。

（3）心理学家将学习/记忆过程中的三个阶段分为：编码（获得信息）、存储（将信息维持一段时间）、检索（以后使用信息）。只要你成功地记起某事，这三个阶段就完好无损。遗忘（或者说出现失败记忆——检索某事时发生的错误"记忆"，却认为它是正确的）可以发生在任何一个阶段。

（4）一篇关于巩固的经典文章，见 J. L. McGaugh, Memory — a century of consolidation, *Science* 287 (2000), 248-251。近期的长篇评论，见 Y. Dudai, The neurobiology of consolidations, or, how stable is the engram?, *Annual Review of Psychology* 55 (2004), 51-86。有关睡眠与做梦有助于巩

固记忆的证据，见 E. J. Wamsley, M. Tucker, J. D. Payne, J. A. Benavides, & R. Stickgold, Dreaming of a learning task is associated with enhanced sleep-dependent memory consolidation, *Current Biology* 20 (2010), 850–855。

（5） 恩德尔·托尔文着重指出，检索线索在记忆中发挥了重要作用。记忆一向是存储的信息（记忆痕迹）与可能提示你这些信息的环境线索两者的共同产物。如果线索强，即便很弱的记忆痕迹也可以用来回忆。见 E. Tulving, Cue dependent forgetting, *American Scientist* 62 (1974), 74–82。

（6） 罗伯特·比约克强调，对最初事件有某种程度的遗忘，有助于该事件再次呈现时对它的学习。记忆中间隔事件的威力（间隔效应）就是一个例子。这样的例子见 N. C. Soderstrom & R. A. Bjork, Learning versus performance, in D. S. Dunn (ed.), *Oxford Bibliographies in Psychology* (New York: Oxford University Press, in press)。

（7） 在心理学上，过去所学的东西干扰新东西的问题被称作负迁移。关于遗忘旧信息会怎样帮助学习新信息的证据，见 R. A. Bjork, On the symbiosis of remembering, forgetting, and learning, in A. S. Benjamin (ed.), *Successful Remembering and Successful Forgetting: A Festschrift in Honor of Robert A. Bjork* (pp. 1–22) (New York: Psychology Press, 2010)。

（8） 信息仍然存在于记忆之中，但不能被主动回忆起来的情况，是记忆的一个关键问题（Tulving, Cue dependent forgetting）。被存储起来的信息是可用的，而可检索的信息是可以接触的。本章给出的例子是，让一个人凭空回忆老地址很难，但把地址混在几个选项中可以使他轻松地找出正确答案，说明检索线索能把可用记忆变成可以被意识知觉接触的记忆。和回忆测验相比，识别测验通常能提供更为有效的线索。

（9） 棒球运动员练习击球的研究来自 K. G. Hall, D. A. Domingues, & R. Cavazos, Contextual interference effects with skilled baseball players, *Perceptual and Motor Skills* 78 (1994), 835–841。

（10） 比约克用"重新下载"来表达某一概念或技能在一段时间后的重建。一篇优秀的、可查阅的相关文章是 E. L. Bjork & R. A. Bjork, Making things hard on yourself, but in a good way: Creating desirable difficulties

注　释

to enhance learning, in M. A. Gernsbacher, R. W. Pew, L. M. Hough, & J. R. Pomerantz (eds.), *Psychology and the real world: Essays illustrating fundamental contributions to society* (pp. 56–64) (New York: Worth, 2009)。

（11）在心理学和神经科学上，再巩固这个术语有几种不同的用途。其核心含义是激活最初的记忆，然后再次让它变得扎实起来（就像检索练习那样）。然而，如果最初的记忆在被激活时加入了新信息，那么再巩固就可以改变最初的记忆。神经生物学家与认知心理学家一直在研究再巩固现象。一些入门的观点是 D. Schiller, M. H. Monfils, C. M. Raio, D. C. Johnson, J. E. LeDoux, & E. A. Phelps, Preventing the return of fear in humans using reconsolidation update mechanisms, *Nature* 463 (2010), 49–53, 以及 B. Finn & H. L. Roediger, Enhancing retention through reconsolidation: Negative emotional arousal following retrieval enhances later recall, *Psychological Science* 22 (2011), 781–786。

（12）有关穿插练习的研究，见 M. S. Birnbaum, N. Kornell, E. L. Bjork, & R. A. Bjork, Why interleaving enhances inductive learning: The roles of discrimination and retrieval, *Memory & Cognition* 41 (2013), 392–402。

（13）一些研究显示，虽然漏字母或用不常见的字体阅读增加了难度，放慢了速度，但读者能记住更多，见 M. A. McDaniel, G. O. Einstein, P. K. Dunay, & R. Cobb, Encoding difficulty and memory: Toward a unifying theory, *Journal of Memory and Language* 25 (1986), 645–656, 以及 C. Diemand-Yauman, D. Oppenheimer, & E. B. Vaughn, Fortune favors the bold (*and the italicized*): Effects of disfluency on educational outcomes, *Cognition* 118 (2010), 111–115。与本章匹配或不匹配的研究是 S. M. Mannes & W. Kintsch, Knowledge organization and text organization, *Cognition and Instruction* 4 (1987), 91–115。

（14）生成可以改善记忆的研究包括 L. L. Jacoby, On interpreting the effects of repetition: Solving a problem versus remembering a solution, *Journal of Verbal Learning and Verbal Behavior* 17 (1978), 649–667, 以及 N. J. Slamecka & P. Graf, The generation effect: Delineation of a phenomenon,

Journal of Experimental Psychology: Human Learning and Memory 4 (1978), 592–604。最近的研究显示，在学习前进行生成活动，也能提高成绩，见 L. E. Richland, N. Kornell, & L. S. Kao, The pretesting effect: Do unsuccessful retrieval attempts enhance learning? *Journal of Experimental Psychology: Applied* 15 (2009), 243–257。

（15） 这里引用的以写促学的研究是 K. J. Gingerich, J. M. Bugg, S. R. Doe, C. A. Rowland, T. L. Richards, S. A. Tompkins, & M. A. McDaniel, Active processing via write-to-learn assignments: Learning and retention benefits in introductory psychology, *Teaching of Psychology*, (in press)。

（16） 在校园学习以及美国社会的其他领域，B. F. 斯金纳有很多影响深远、有趣的见解。他的主要作品 Science and Human Behavior 可以在斯金纳基金会网站免费下载，又见 B. F. Skinner, Teaching machines, *Science* 128 (1958), 969–977。无错性学习似乎在教授记忆障碍人群时有很重要的意义，但在多数教育环境中，错误（只要靠反馈加以纠正）不会妨碍学习，甚至有所帮助。具体的例子见 B. J. Huelser & J. Metcalfe, Making related errors facilitates learning, but learners do not know it, *Memory & Cognition* 40 (2012), 514–527。

（17） 针对法国学龄儿童解决变位词问题的研究出现在 F. Autin & J. C. Croziet, Improving working memory efficiency by reframing metacognitive interpretation of task difficulty, *Journal of Experimental Psychology: General* 141 (2012), 610–618。有关"错误节"的故事见 Lizzy Davis, "Paris Stages 'Festival of Errors' to Teach French Schoolchildren How to Think," *Guardian*, July 21, 2010, http://www.guardian.co.uk/world/2010/jul/21/france-paris-festival-of-errors, accessed October 22, 2013。

（18） 出自 2013 年 3 月 10 日彼得·布朗在明尼苏达州圣保罗对邦妮·布洛杰特的电话采访。书中所有布洛杰特的言论均出自此次采访。

（19） 比约克的话来自 E. L. Bjork & R. A. Bjork, Making things hard on yourself, but in a good way: Creating desirable difficulties to enhance learning, in M. A. Gernsbacher, R. W. Pew, L. M. Hough, and J. R. Pomerantz (eds.), *Psychology and the real world: Essays illustrating fundamental contributions to society* (pp. 56-64) (New York: Worth, 2009)。

5. 打造适合自己的心智模型

（1） 元认知，也就是我们对自己知道的知道些什么，以及如何评估自己的表现，是心理学的一个新兴领域。一篇有关元认知的、不错的介绍性文献，是 John Dunlosky and Janet Metcalfe, *Metacognition* (Los Angeles: Sage, 2009)。丹尼尔·卡尼曼的《思考，快与慢》也讨论了许多意识陷入假象的例子。再早一些有关这些假象的讨论，见 Thomas Gilovich, *How We Know What Isn't So: The Fallibility of Human Reason in Everyday Life* (New York: Free Press, 1991)。较为简短的评论见 H. L. Roediger, III, & A. C. Butler, Paradoxes of remembering and knowing, in N. Kapur, A. Pascual-Leone, & V. Ramachandran (eds.), *The Paradoxical Brain* (pp. 151-176) (Cambridge: Cambridge University Press, 2011)。

（2） 出自 2011 年 12 月 12 日彼得·布朗在明尼苏达州明尼阿波利斯对戴维·加曼的采访。书中所有加曼的言论均出自此次采访。

（3） 中国台湾"中华航空"事件的报告：National Transportation Safety Board, "Aircraft Accident report-China Airlines Boeing 747-SP N4522V, 300 Nautical Miles Northwest of San Francisco, California, February 19, 1985," March 29, 1986, and can be found at http://www.rvs.uni-bielefeld.de/publications/Incidents/DOCS/ComAndRep/ChinaAir/AAR8603.html, accessed October 24, 2013。

（4） E. Morris, "The anosognosic's dilemma: Something's wrong but you'll never know what it is" (pt. 5), *New York Times*, June 24, 2010。

（5） L. L. Jacoby, R. A. Bjork, & C. M. Kelley, Illusions of comprehension, competence, and remembering, in D. Druckman & R. A. Bjork (eds.), *Learning, remembering, believing: Enhancing human performance* (pp. 57-80) (Washington, DC: National Academy Press, 1994)。

（6） 卡罗尔·哈里斯/海伦·凯勒研究在 R. A. Sulin & D. J. Dooling, Intrusion of a thematic idea in retention of prose, *Journal of Experimental Psycholog*

103 (1974), 255−262。有关记忆假象的概述可以查阅 H. L. Roediger & K. B. McDermott, Distortions of memory, in F.I.M. Craik & E. Tulving (eds.), *The Oxford Handbook of Memory* (pp. 149−164) (Oxford: Oxford University Press, 2000)。

（7） 对早年生活记忆的研究和实验室研究都发现过想象膨胀。两篇最初的参考文献分别是 M. Garry, C. G. Manning, E. F. Loftus, & S. J. Sherman, Imagination inflation: Imagining a childhood event inflates confidence that it occurred, *Psychonomic Bulletin & Review* 3 (1996), 208−214, 以及 L. M. Goff & H. L. Roediger, Imagination inflation for action events: Repeated imaginings lead to illusory recollections, *Memory & Cognition* 26 (1998), 20−33。

（8） 误导性问题实验在 E. F. Loftus & J. C. Palmer, Reconstruction of automobile destruction: An example of the interaction between language and memory, *Journal of Verbal Learning and Verbal Behavior* 13 (1974), 585−589。

（9） 一篇论述催眠状态下记忆危险性的文章是 P. A. Register & J. F. Kihlstrom, Hypnosis and interrogative suggestibility, *Personality and Individual Differences* 9 (1988), 549−558。有关这一问题合法性的概述可见 H. L. Roediger & D. A. Gallo, Processes affecting accuracy and distortion in memory: An overview, in M. L. Eisen, G. S. Goodman, & J. A. Quas (eds.), *Memory and Suggestibility in the Forensic Interview* (pp. 3−28) (Mahwah, NJ: Erlbaum, 2002)。

（10） 唐纳德·汤姆森的故事可以查阅 B. Bower, Gone but not forgotten: Scientists uncover pervasive unconscious influences on memory, *Science News* 138, 20 (1990), 312−314。

（11） 知识诅咒、后见之明偏误及其他问题在 Jacoby, Bjork, & Kelley, Illusions of comprehension, competence, and remembering, and in many other places。有关流畅效应相对较新的一篇评论是 D. M. Oppenheimer, The secret life of fluency, *Trends in Cognitive Science* 12 (2008), 237−241。

（12） 记忆社会传染：H. L. Roediger, M. L. Meade, & E. Bergman, Social contagion of memory, *Psychonomic Bulletin & Review* 8 (2001), 365−371。

注　释

（13）关于错误共识效应有两篇重要的评论，可以查阅L. Ross, The false consensus effect: An egocentric bias in social perception and attribution processes, *Journal of Experimental Social Psychology* 13 (1977), 279-301, 以及 G. Marks, N. Miller, Ten years of research on the false-consensus effect: An empirical and theoretical review, *Psychological Bulletin* 102 (1987), 72-90。

（14）关于"9·11"事件的"闪光灯记忆"：J. M. Talarico & D. C. Rubin, Confidence, not consistency, characterizes flashbulb memories, *Psychological Science* 14 (2003), 455-461, 以及 W. Hirst, E. A. Phelps, R. L. Buckner, A. Cue, D.E. Gabrieli & M.K. Johnson Long-term memory for the terrorist attack of September 11: Flashbulb memories, event memories and the factors that influence their retention, *Journal of Experimental Psychology: General* 138 (2009), 161-176。

（15）埃里克·马祖尔的资料来自他的YouTube讲座："Confessions of a converted lecturer," available at www.youtube.com /watch ?v=WwslBPj8GgI, accessed October 23, 2013。

（16）听拍子猜旋律这项关于"知识诅咒"的实验出自L. Newton, Overconfidence in the communication of intent: Heard and unheard melodies (Ph.D. diss., Stanford University, 1990)。

（17）最初提出邓宁—克鲁格效应的是Justin Kruger & David Dunning, Unskilled and unaware of it: How difficulties in recognizing one's own incompetence lead to inflated selfassessments, *Journal of Personality and Social Psychology* 77 (1999), 1121-1134。后来的许多实验性研究与文章都基于这篇著作，见 D. Dunning, *Self-Insight: Roadblocks and Detours on the Path to Knowing Thyself* (New York: Psychology Press, 2005)。

（18）关于学生主导学习的故事：Susan Dominus, "Play-Dough? Calculus? At the Manhattan Free School, Anything Goes," *New York Times*, October 4, 2010, and Asha Anchan, "The DIY Approach to Education," *Minneapolis StarTribune*, July 8, 2012。

（19）学生过早地放弃抽认卡不利于长期学习，相关研究包括N. Kornell & R.

A. Bjork, Optimizing self-regulated study: The benefits—and costs—of dropping flashcards, *Memory* 16 (2008), 125–136，以及 J. D. Karpicke, Metacognitive control and strategy selection: Deciding to practice retrieval during learning, *Journal of Experimental Psychology: General* 138 (2009), 469–486。

（20）埃里克·马祖尔就他的教学方法出版了 *Peer Instruction: A User's Manual* 一书（Upper Saddle River, NJ: Prentice-Hall, 1997）。此外，他还在一次 YouTube 讲座上讲述了他的方法："Confessions of a converted lecturer," described in Note 15. Again, it is http://www.youtube.com/watch?v=WwslBPj8GgI, accessed October 23, 2013。

（21）邓宁的话来自 E. Morris, "The anosognosic's dilemma: Something's wrong but you'll never know what it is" (pt. 5), *New York Times*, June 24, 2010。

（22）2011 年 12 月 13 日彼得·布朗在明尼苏达州明尼阿波利斯对凯瑟琳·约翰逊的采访。

（23）本章的多数内容关于如何规范一个人的学习，以及如何避免流畅、后见之明偏误等问题引发的诸多假象与偏见。近期一篇关于自我规范学习的优秀文章，可以给想深入了解这些领域的人带来帮助，即 R. A. Bjork, J. Dunlosky, & N. Kornell, Self-regulated learning: Beliefs, techniques, and illusions, *Annual Review of Psychology* 64 (2013), 417–444。

6. 选择适合自己的学习风格

（1）弗朗西斯·培根（1561—1626）是英格兰哲学家、政治家。引文全文出自培根随笔《谈高位》：登高位之人无不沿旋梯而上；见派系纷争，若处上升途中，则应与人为伍；若尘埃落定，则应无党无偏。

（2）2012 年 8 月 27 日彼得·布朗在明尼苏达州圣保罗对布鲁斯·亨德利的采访。本书所有亨德利的言论均出自此次采访。

（3）Betsy Morris, Lisa Munoz, and Patricia Neering, "Overcoming dyslexia," *Fortune*, May, 2002, 54–70。

（4）Annie Murphy Paul, "The upside of dyslexia," *New York Times*, February 4, 2012。此处盖格与莱特文的著作是 G. Geiger & J. Y. Lettvin, Developmental dyslexia: A different perceptual strategy and how to learn a new strategy for reading, *Saggi: Child Development and Disabilities* 26 (2000), 73-89。

（5） 此处列出的调查来自 F. Coffield, D. Moseley, E. Hall, Learning styles and pedagogy in post-16 learning, a systematic and critical review, 2004, Learning and Skills Research Centre, London。学生的言论（"对于我而言，读书毫无意义"）也出自同一来源的第 137 页。"混乱、矛盾的理论"这一说法来自 Michael Reynolds, Learning styles: a critique, *Management Learning*, June 1997, vol. 28 no. 2, p. 116。

（6） 关于学习风格的资料多取自 H. Pashler, M. A. McDaniel, D. Rohrer, & R. A. Bjork, Learning styles: A critical review of concepts and evidence, *Psychological Science in the Public Interest* 9 (2009), 105-119。该文对授课方式与学生学习风格匹配与否对成绩提高的影响的公开证据进行了评述。两个重要的发现是：（1）鲜有研究采用了科学实验的标准；（2）为数不多的公开实验发现，授课方式与学习风格匹配不能提高成绩。一个重要的结论是，在这一问题上需要进行更多的实验性研究，但目前没有证据证明通常认为的这些学习风格是存在的。

（7） 一篇有关智力传统观点的优秀著作是 Earl Hunt, *Human intelligence* (Cambridge: Cambridge University Press, 2010)。

（8） 霍华德·加德纳的理论见他的著作：*Multiple Intelligences: New Horizons* (New York: Basic Books, 2006), among other venues。

（9） 有关 Robert Sternberg、Elena Grigorenko 及其同事作品的资料有数个来源。较好陈述了这一理论的是 R. J. Sternberg, Grigorenko, E. L., & Zhang, L., Styles of learning and thinking in instruction and assessment, *Perspectives on Psychological Science* (2008) 486-506。Sternberg、Grigorenko 与同事进行的另一项研究找到了一些在分析、创新或实践能力之中有一项较为突出的大学生，把他们分在不同的班级里，授课方式分别注重分析、创新或实践。授课方式符合最强能力的学生，在某些班级成绩测验上的表现要好于两者不匹配的学生；见 R. J. Sternberg, E. L. Grigorenko, M. Ferrari, & P. Clinkenbeard, A triarchic analysis of an aptitude-treatment interaction, *European Journal of Psychological Assessment* 15 (1999), 1-11。

认知天性

（10） 对巴西孩子的研究出自 T. N. Carraher, D. W. Carraher, & A. D. Schliemann, Mathematics in the streets and in the schools, *British Journal of Developmental Psychology* 3(1985), 21-29。这一出色的研究主要关注 5 名来自贫困家庭、在巴西街头或市场上工作的孩子。实验比较了相近的乘法题在不同背景下的成绩：处于孩子熟悉的自然背景（例如卖椰子，但在实验中采取角色扮演的方式），用不同背景描述（例如卖香蕉），或没有任何背景的纯数学题。在自然背景下，孩子们几乎能把题目全部算对；在不同背景描述下，算对的少一些；纯数学题则大概只能做对三分之一。这说明孩子们会利用具体分组策略来解答自然背景下的题目，但在面对纯数学问题时又会转到学校教育的策略上（他们还没有充分学习这一点）。从学术导向的测验上看，孩子们的数学策略并不明显。

（11） 有关赛马的研究出自 S. J. Ceci & J. K. Liker, A day at the races: A study of IQ, expertise, and cognitive complexity, *Journal of Experimental Psychology: General* 115 (1986), 255-266。该研究的对象是赛马爱好者，其中一部分被定义为专家，另一部分则不太专业。专家组和非专家组在智商测验上的成绩相当，但专家组能更好地预测实际比赛结果以及为实验准备的比赛结果。专家组的成功在于他们能利用一套非常复杂的系统进行权衡，并把有关赛马以及比赛状况的信息综合考虑。

（12） 动态测验：Robert Sternberg and Elena Grigorenko discuss this concept in *Dynamic Testing*: The Nature and Measurement of Learning Potential (Cambridge: Cambridge University Press, 2002)。

（13） 关于结构构建的基础性研究工作始于 M. A. Gernsbacher, K. R. Varner, & M. E. Faust, Investigating differences in general comprehension skills, *Journal of Experimental Psychology: Learning, Memory, and Cognition* 16 (1990), 430-445。这篇文章提到了一些设计精巧的实验，它们为结构构建理论的发展做出了贡献。结构构建理论指出，优秀的理解者可以根据众多资源（读到的、听到的或是从图片上看见的）建立一套有条理的叙述方式，而不太出色的理解者则倾向于建立零散、繁多的叙述方式。该研究进一步提出，较差的结构构建者很难控制非相关的信息——可能导致他们做出琐碎的（无效的）表达，而优秀的结构构建者正好相反。另

注 释

一篇相关的文章是 A. A. Callender & M. A. McDaniel, The benefits of embedded question adjuncts for low and high structure builders, *Journal of Educational Psychology* 99 (2007), 339–348。低级结构构建者从标准学校资料（教科书）中学到的东西较少，不如高级结构构建者。不过，把问题安插在教科书中，可以让低级结构构建者专注于重要的概念（需要他们回答这些问题），从而把他们的学习层次提高到高级结构构建者的水平。

（14） 此处关于学习概念的讨论基于两项研究：T. Pachur, & H. Olsson, Type of learning task impacts performance and strategy selection in decision making, *Cognitive Psychology* 65 (2012), 207–240。实验室中研究概念性学习的典型方法是一次提供一个案例，让学习者尝试学习这个案例的可能分类（例如给出一组症状，分析可能是什么疾病）。实验修改了流程，一次给出两个案例（例如给出两组症状），要求学习者从中选择更能反映特定分类的一个案例。这种比较方法刺激人们不去关注记忆案例本身，而是更好地理解案例分类背后的规则。与上述提法类似的实验——只不过注意力集中在问题的解决上——出现在 M. L. Gick & K. J. Holyoak, Schema induction and analogical transfer, *Cognitive Psychology* 15 (1983), 1–38。学习者可以学习用一个案例解决特定的问题，也可以把两种问题进行对比，找出解决方案中的共同之处。比较两个问题的学习者更有可能得出普遍的解决方案，用来解决新问题。只研究一个问题的学习者在这方面做得较差。

（15） 有关规则学习者和案例学习者的论述引自 M. A. McDaniel, M. J. Cahill, M. Robbins, & C. Wiener, Individual differences in learning and transfer: Stable tendencies for learning exemplars versus abstracting rules, *Journal of Experimental Psychology: General* 143 (2014)。通过实验室学习任务，这项新奇的研究显示，有些人倾向于靠记忆具体的例子，以及记忆与这些例子相关的用来描述相应概念的回应，来学习概念（即范例学习者）；而另一些学习者则把心思用在具体的例子反映出来的基本抽象概念上（抽象者）。此外，在不同的实验室概念学习任务中，个人身上普遍存在一种概念学习倾向，说明在若干概念性学习任务中，个人对于范例学习和抽象学习可能有根深蒂固的偏好。有趣的是，一项初步研究成果显示，在大学化学基础课程上，抽象者的平均分更高。

认知天性

7. 终身学习者基本的基本

（1） 关于瓦尔特·米舍尔对延迟儿童满意度的研究，一篇文章进行了较好的介绍：W. Mischel, Y. Shoda, & M. L. Rodriguez, Delay of gratification in children, *Science* 244 (1989), 933–938。非心理学人士可以查阅 Jonah Lehrer, "Don't! The secret of self-control," *New Yorker*, May 18, 2009, 26–32。2011 年的研究可见 W. Mischel & O. Ayduk, Willpower in a cognitive-affective processing system: The dynamics of delay of gratification, in K. D. Vohs & R. F. Baumeister (eds.), *Handbook of Self- Regulation: Research, Theory, and Applications* (2nd ed., pp. 83–105) (New York: Guilford, 2011)。

（2） 历史学家 Bob Graham 在其维护的网站上记载了卡森的事迹，其祖先是最早一批拓荒加利福尼亚的人。相关网址为 www.longcamp.com/kit-bio.html（2013 年 10 月 30 日链接有效）。有关卡森的事迹还出自 1847 年夏最初发表于 *Washington Union* 的资料，1847 年 7 月 3 日的 *Supplement to the Connecticut Courant* 对这些资料进行了转载。关于福瑞蒙特指派卡森上路的内容见 Hampton Sides, *Blood and Thunder* (New York: Anchor Books, 2006), 125–126。

（3） 关于大脑可塑性的研究可见 J. T. Bruer, Neural connections: Some you use, some you lose, *Phi Delta Kappan* 81, 4 (1999), 264–277。高德曼—拉奇克的言论出自 Bruer 的文章，引自她在美国国家教育委员会的发言。关于大脑可塑性的深入研究，也就是着重介绍脑损伤治疗的内容，可查阅 D. G. Stein & S. W. Hoffman, Concepts of CNS plasticity in the context of brain damage and repair, *Journal of Head Trauma Rehabilitation* 18 (2003), 317–341。

（4） H. T. Chugani, M. E. Phelps, & J. C. Mazziotta, Positron emission tomography study of human brain function development, *Annals of Neurology* 22 (1987), 487–497。

（5） J. Cromby, T. Newton, and S. J. Williams, Neuroscience and subjectivity, *Subjectivity* 4 (2011), 215–226。

注 释

（6） 关于这部著作的介绍可见 Sandra Blakeslee, "New tools to help patients reclaim damaged senses," *New York Times*, November 23, 2004。

（7） P. Bach-y-Rita, Tactile sensory substitution studies, *Annals of the New York Academy of Sciences* 1013 (2004), 83–91。

（8） 有关髓鞘形成的著作可见 R. D. Fields, White matter matters, *Scientific American* 298 (2008), 42–49, and R. D. Fields, Myelination: An overlooked mechanism of synaptic plasticity?, *Neuroscientist* 11 (December 2005), 528–531。更为通俗的著作可以查阅 Daniel Coyle, *The Talent Code* (New York: Bantam, 2009)。

（9） 一些关于神经元生成的论述：P. S. Eriksson, E. Perfilieva, T. Björk-Eriksson, A. M. Alborn, C. Nordborg, D. A. Peterson, & F. H. Gage, Neurogenesis in the adult human hippocampus, *Nature Medicine* 4 (1998), 1313–1317; P. Taupin, Adult neurogenesis and neuroplasticity, *Restorative Neurology and Neuroscience* 24 (2006), 9–15。

（10） 引自 Ann B. Barnet & Richard J. Barnet, *The Youngest Minds: Parenting and Genes in the Development of Intellect and Emotion* (New York: Simon and Schuster, 1998), 10。

（11） 弗林效应一词来自詹姆斯·弗林，他首次报告了20世纪发达国家人口智商增高的情况，见 J. R. Flynn, Massive IQ gains in 14 nations: What IQ tests really measure, *Psychological Bulletin* 101(1987), 171–191。

（12） 这一段文字主要来自 Richard E. Nisbett, *Intelligence and How to Get It* (New York: Norton, 2009)。

（13） 文中引用的研究来自 J. Protzko, J. Aronson, & C. Blair, How to make a young child smarter: Evidence from the database of raising intelligence, *Perspectives in Psychological Science* 8 (2013), 25–40。

（14） 文中引用的研究来自 S. M. Jaeggi, M. Buschkuehl, J. Jonides, & W. J. Perrig, Improving fluid intelligence with training on working memory, *Proceedings of the National Academy of Sciences* 105 (2008), 6829–6833。

（15） 未能重现工作记忆培训的研究结果出自 T. S. Redick, Z. Shipstead, T. L. Harrison, K. L. Hicks, D. E. Fried, D. Z. Hambrick, M. J. Kane, & R. W.

Engle, No evidence of intelligence improvement after working memory training: A randomized, placebo-controlled study, *Journal of Experimental Psychology: General* 142, 2013), 359–379。

（16） 很多文章总结过卡罗尔·德韦克对成长心态的研究。一篇不错的总结是 Marina Krakovsky, "The effort effect," *Stanford Magazine*, March/April 2007。德韦克的两篇文章可见 H. Grant & C. S. Dweck, Clarifying achievement goals and their impact, *Journal of Personality and Social Psychology* 85 (2003), 541–553, and C. S. Dweck, The perils and promise of praise, *Educational Leadership* 65 (2007), 34–39。她还有一本书：*Mindset: The New Psychology of Success* (New York: Ballantine Books, 2006)。

（17） 德韦克的这段话引自 Krakovsky, "Effort effect"。

（18） 德韦克的言论引自 Po Bronson, "How not to talk to your kids," *New York Times Magazine*, February 11, 2007。

（19） Paul Tough, *How Children Succeed* (New York: Houghton Mifflin Harcourt, 2012)。

（20） 很多文章记载了安德斯·艾利克森关于刻意练习的著作，包括 Malcolm Gladwell, *Outliers: The Story of Success* (New York: Little, Brown, 2008)。有关艾利克森著作的介绍性作品，可见 K. A. Ericsson & P. Ward, Capturing the naturally occurring superior performance of experts in the laboratory: Toward a science of expert and exceptional performance, *Current Directions in Psychological Science* 16 (2007), 346–350。

（21） 古希腊人早就认识到了心理形象及其对学习和记忆的帮助。然而，直到20世纪60年代，心理学家才开始这一课题的实验性研究。Allan Paivio 的研究证明了形象在对照研究中的作用。对他早期研究的总结出现在 A. Paivio, *Imagery and Verbal Processes* (New York: Holt, Rinehart, and Winston, 1971)。

（22） Mark Twain, "How to Make History Dates Stick," *Harper's*, December 1914, available at www.twainquotes.com/History Dates/HistoryDates.html, accessed October 30, 2013。

（23） 在助记手段（以及心理学家和教育者所持态度）的历史上，数百年来，人

注 释

们的看法几经颠覆。从古希腊与古罗马时期一直到中世纪,这些手段被知识分子重视,用来记忆大量信息(例如在罗马元老院上发表长达两个小时的演讲)。近年来,教育者只把它们当成死记硬背的工具。然而,正如本章所讲,对这些方法的指责是不公允的。正如詹姆斯·帕特森和他的学生那样,助记手段可以用来组织检索信息系统(古希腊与古罗马人也是这样做的)。简单地说,助记手段对于理解复杂信息来说不一定有用,但是依靠助记机制检索学过的信息是很有效的。James Worthy 与 Reed Hunt 详细地介绍了助记手段的历史,以及心理学在这方面的研究,可见 *Mnemonology: Mnemonics for the 21st Century* (New York: Psychology Press, 2011)。

(24) 詹姆斯·帕特森是"记忆运动员",在欧洲、中国及美国等地参加了这项正在兴起的运动。乔舒亚·福尔在畅销书 *Moonwalking with Einstein: The Art and Science of Remembering Everything* (New York: Penguin, 2011) 中提到过这项正在兴起的亚文化活动。对于平常人来说,记住一副洗过的牌要花很长时间;而对于顶级的记忆运动员来说,不到两分钟就可以记住。Simon Reinhard 曾用 21.9 秒记住了一副牌,相关视频可查阅 www.youtube.com/watch?v=sbinQ6GdOVk(2013 年 10 月 30 日链接有效)。这是当时的世界纪录,不过 Reinhard 已经打破了这一纪录(本书完成时他的记录是 21.1 秒)。在练习时,Reinhard 曾突破 20 秒大关,只不过他在公开赛事上没有这样的表现(参考 Simon Reinhard 与 Roddy Roediger 等人于 2013 年 5 月 8 日在密苏里州圣路易斯晚宴上的谈话内容)。

(25) 金成铉对她本人使用助记手段的叙述来自 2013 年 2 月 8 日詹姆斯·帕特森与彼得·布朗的私人信件。

(26) 出自 2013 年 1 月 4 日,彼得·布朗与 Roddy Roediger 在密苏里州圣路易斯对詹姆斯·帕特森的采访。

(27) 出自 2013 年 4 月 18 日彼得·布朗在明尼苏达州圣保罗对凯伦·金的采访。

8. 写给大家的学习策略

(1) 出自 2013 年 5 月 21 日彼得·布朗对麦克尔·扬的电话采访。书中所有扬

认知天性

的言论均出自此次采访。

（2） 出自 2013 年 5 月 20 日彼得·布朗对史蒂芬·麦迪根的电话采访。

（3） 出自 2013 年 4 月 29 日彼得·布朗在明尼苏达州明尼阿波利斯对纳撒尼尔·富勒的采访。

（4） John McPhee, "Draft no. 4," *New Yorker*, April 29, 2013, 32−38。

（5） 出自 2013 年 4 月 30 日彼得·布朗在明尼苏达州圣保罗对塞尔玛·亨特的采访。

（6） 出自 2013 年 5 月 7 日彼得·布朗在华盛顿州西雅图对玛丽·帕·文德罗斯的采访。

（7） 测试用高级班来降低学生入门科学课不及格率的实证研究可见 S. Freeman, D. Haak, & M. P. Wenderoth, Increased course structure improves performance in introductory biology, *CBE Life Sciences Education* 10 (Summer 2011), 175−186; also S. Freeman, E. O'Connor, J. W. Parks, D. H. Cunningham, D. Haak, C. Dirks, & M. P. Wenderoth, Prescribed active learning increases performance in introductory biology, *CBE Life Sciences Education* 6 (Summer 2007), 132−139。

（8） 出自 2013 年 5 月 2 日彼得·布朗对迈克尔·马修斯的电话采访。

（9） 出自 2013 年 5 月 21 日彼得·布朗对凯莉·亨科勒的电话采访。

（10） 出自 2013 年 6 月 20 日彼得·布朗在南卡罗来纳州富丽海滩对凯瑟琳·麦克德莫特的采访。

（11） 出自 2013 年 7 月 18 日彼得·布朗对凯西·迈克斯纳的采访。

（12） 出自 2013 年 7 月 1 日彼得·布朗对肯·巴伯的采访。

（13） 出自 2013 年 7 月 17 日彼得·布朗对里克·韦温的采访。

（14） 出自 2013 年 6 月 2 日彼得·布朗对埃里克·艾扎克曼的采访。

推荐阅读

本书所介绍的原理，应该说都是建立在下列文章与图书的基础上的。阅读这些内容有助于读者更好地理解本书。论述这类记忆技巧的论文多达数百篇，但在科研文献范畴只是冰山一角。在注释中，我们标注了研究成果的出处，以便读者自行深度发掘。在提供更多信息的同时，我们也在权衡，尽量不让读者陷入对科研细节的困惑。

学 术 文 章

Crouch, C. H., Fagen, A. P., Callan, J. P., & Mazur, E. (2004). Classroom demonstrations: Learning tools or entertainment? *American Journal of Physics*, 72, 835-838. 文章介绍了通过生成法来提高课堂演示的学习效果。

Dunlosky, J., Rawson, K. A., Marsh, E. J., Nathan, M. J., & Willingham, D. T. (2013). Improving students' learning with effective learning techniques: Promising directions from cognitive and educational psychology. *Psychological Science in the Public Interest* 14, 4-58. 研究证明，在实验室环境与实地（教育）环境中，一些技巧可以改善教育实践，但另一些技巧则不起作用。文章详细地讨论了各种技巧的效果。

McDaniel, M. A. (2012). Put the SPRINT in knowledge training: Training with SPacing, Retrieval, and INTerleaving. In A. F. Healy & L. E. Bourne Jr. (eds.), *Training Cognition: Optimizing Efficiency, Durability, and Generalizability* (pp. 267-286). New York: Psychology Press. 文章指出，在商业、医学，以及再教育领域，很多机构愿意把培训内容塞到短短几天的"课程"里。文中的总结证据指出，间隔和穿插练习在促进学习和增强记忆方面的效果更好。作者也就企业该如何培训给出了一些建议。

McDaniel, M. A., & Donnelly, C. M. (1996). Learning with analogy and elaborative interrogation. *Journal of Educational Psychology* 88, 508-519. 这些实验阐释了在学习技术资料时可采用的几种技巧，包括视觉形象化、自问等。相较之下，这篇文章更具技术意义。

Richland, L. E., Linn, M. C., & Bjork, R. A. (2007). Instruction. In F. Durso, R. Nickerson, S. Dumais, S. Lewandowsky, & T. Perfect (eds.), *Handbook of Applied Cognition* (2nd ed., pp. 553-583). Chichester: Wiley. 文章提及若干案例，指出在教学环境下也许可以引入包括生成在内的合意困难。

Roediger, H. L., Smith, M. A., & Putnam, A. L. (2011). Ten benefits of testing and their applications to educational practice. In B. H. Ross (ed.), *Psychology of Learning and Motivation*. San Diego: Elsevier Academic Press. 文章总结了把检索当作一种学习技巧可以带来的若干益处。

书　目

Brooks, D. *The Social Animal: The Hidden Sources Love, Character, and Achievement.* New York: Random House, 2011.

Coyle, D. *The Talent Code: Greatness Isn't Born. It's Grown. Here's How.* New York: Bantam Dell, 2009.

Doidge, N. *The Brain the Changes Itself: Stories of Personal Triumph from the Frontiers of Brain Science.* New York: Penguin Books, 2007.

Duhigg, C. *The Power of Habit: Why We Do What We Do in Life and Business.* New York: Random House, 2012.

Dunlosky, J., & Metcalfe, J. *Metacognition.* Los Angeles: Sage Publications, 2009.

Dunning, D. *Self-Insight: Roadblocks and Detours on the Path to Knowing Thyself (Essays in Social Psychology).* New York: Psychology Press, 2005.

Dweck, C. S. Mindset: *The New Psychology of Success.* New York: Ballantine Books, 2008.

Foer, J. *Moonwalking with Einstein: The Art and Science of Remembering Everything.* New York: Penguin, 2011.

Gilovich, T. *How We Know What Isn't So: The Fallibility of Human Reason in Everyday Life.* New York: Free Press, 1991.

Gladwell, M. *Blink: The Power of Thinking Without Thinking.* New York:

推荐阅读

Little, Brown & Co., 2005.

———. *Outliers: The Story of Success*. New York: Little Brown & Co, 2008.

Healy, A. F. & Bourne, L. E., Jr. (Eds.). *Training Cognition: Optimizing Efficiency, Durability, and Generalizability*. New York: Psychology Press, 2012.

Kahneman, D. *Thinking Fast and Slow*. New York: Farrar, Straus and Giroux, 2011.

Mayer, R. E. *Applying the Science of Learning*. Upper Saddle River, NJ: Pearson, 2010.

Nisbett, R. E. *Intelligence and How to Get It*. New York: W. W. Norton & Company, 2009.

Sternberg, R. J., & Grigorenko, E. L. *Dynamic Testing: The Nature and Measurement of Learning Potential*. Cambridge: University of Cambridge, 2002.

Tough, P. *How Children Succeed: Grit, Curiosity, and the Hidden Power of Character*. Boston: Houghton Miffl in Harcourt, 2012.

Willingham, D. T. *When Can You Trust the Experts: How to Tell Good Science from Bad in Education*. San Francisco: Jossey-Bass, 2012.

Worthen, J. B., & Hunt, R. R. *Mnemonology: Mnemonics for the 21st Century (Essays in Cognitive Psychology)*. New York: Psychology Press, 2011.

致 谢

本书完全是众人合作的结晶。在这 3 年中，我们采用了最为有效的方法撰写此书。许多个人与机构也提供了颇有裨益的支持与洞见。

我们要感谢密苏里州圣路易斯市麦克唐纳基金会，批准了亨利·罗迪格与马克·麦克丹尼尔申请的"应用认知心理学加强教育实践"项目，其中亨利·罗迪格为首席研究员。该项目的 11 位研究员历经 10 年，对将认知科学转化为教育科学进行了合作研究。书中的许多观点来自麦克唐纳基金会支持的这项研究。我们也要感谢团队中的另外 9 名成员，我们从他们身上获益良多：加利福尼亚大学洛杉矶分校的比约克夫妇、肯特州立大学的约翰·邓洛斯基（John Dunlosky）与凯瑟琳·罗森（Katherine Rawson）、华盛顿大学的拉里·雅可比（Larry Jacoby）、杜克大学的伊丽莎白·马什（Elizabeth Marsh）、华盛顿大学的凯瑟琳·麦克德莫特（Kathleen McDermott）、哥伦比亚大学的珍妮特·梅特卡夫（Janet Metcalfe），以及加利福尼亚大学圣迭戈分校的哈尔·帕施勒（Hal Pashler）。我们特别感谢麦克唐纳基金会主席约翰·布鲁尔（John Bruer）、副主席苏珊·菲茨帕特里克（Susan Fitzpatrick），感谢他们的指导与支持，同样应该感谢的还有詹姆斯·S. 麦克唐纳家族。

我们还要感谢美国国家科学院认知与学生学习项目（美国教育部），批准了一系列基金，支持了罗迪格与麦克丹尼尔在学校

认知天性

环境下的研究，这些研究是与凯瑟琳·麦克德莫特合作展开的。没有这种支持，我们在伊利诺伊州哥伦比亚中学开展的工作就不可能进行。我们要感谢认知与学生学习项目（CASL）的项目主管：伊丽莎白·奥尔布罗（Elizabeth Albro）、卡罗尔·奥唐纳（Carol O'Donnell）和艾琳·希金斯（Erin Higgins）。此外，我们要感谢哥伦比亚中学的教师、校长及学生，特别是罗杰·张伯伦（Roger Chamberlain 时任哥伦比亚初中部的校长），以及率先在课堂上推进我们研究项目的帕特里斯·贝恩（Patrice Bain）教师。其他允许我们在课堂上进行实验的教师包括特里萨·费伦茨（Teresa Fehrenz）、安德莉亚·麦金巴赫（Andria Matzenbacher）、米歇尔·斯皮维（Michelle Spivey）、艾米·科赫（Ammie Koch）、凯莉·兰德格拉夫（Kelly Landgraf）、卡雷·奥特韦尔（Carleigh Ottwell）、辛迪·麦克穆兰（Cindy McMullan）、密西·史蒂夫（Missie Steve）、尼尔·奥唐纳（Neal O'Donnell）与琳达·马隆（Linda Malone）。协助此项研究的还有众多研究助理，包括克里斯蒂·杜普雷（Kristy Duprey）、林塞·布洛克米尔（Lindsay Brockmeier）、芭比·休尔泽（Barbie Huelser）、莉莎·柯雷塞（Lisa Cressey）、马可·查康（Marco Chacon）、安娜·迪恩多夫（Anna Dinndorf）、劳拉·丹东尼奥（Laura D'Antonio）、杰西·布里克（Jessye Brick）、艾利森·奥本赫斯（Allison Obenhaus）、梅根·麦克道尼尔（Meghan McDoniel）与艾伦·西拜（Aaron Theby）。波亚·阿加瓦尔

致　谢

(Pooja Agarwal) 在该项目的每个阶段都发挥了至关重要的作用，不仅以华盛顿大学研究生的身份负责研究的日常进度，后来又以博士后研究员的身份监督整个项目。书中许多实践建议都来自我们的课堂实验。

加利福尼亚圣迭戈的 Dart NeuroScience 公司慷慨地资助了我们关于记忆运动员的研究。罗迪格是该项目的首席研究员，参与者还有戴维·巴洛塔 (David Balota)、凯瑟琳·麦克德莫特和玛丽·皮克 (Mary Pyc)。我们测验了若干记忆运动员，为此要感谢詹姆斯·帕特森允许我们在书中记录他的故事。我们特别感激 Dart 公司首席科学官蒂姆·塔利 (Tim Tully) 的支持，是他首先联系我们，提出了要找出记忆力非同寻常的人的想法。

虽然支持我们的机构十分慷慨，但我们依照惯例要说明的是，书中出现的观点来自作者，并不代表麦克唐纳基金会、美国国家科学院、美国教育部或 Dart NeuroScience 公司。

罗迪格与麦克丹尼尔想要感谢与我们合作，并帮助我们完成了书中项目的诸多学生与博士后研究员。在成书期间，与罗迪格在相关项目上合作的研究生有波亚·阿加瓦尔 (Pooja Agarwal)、安德鲁·巴特勒 (Andrew Butler)、安迪·德索托 (Andy DeSoto)、迈克尔·古德 (Michael Goode)、杰夫·卡尔皮克 (Jeff Karpicke)、亚当·帕特南 (Adam Putnam)、梅根·史密斯 (Megan Smith)、维克多·桑哈斯蒂 (Victor Sungkhasettee) 与富兰克林·扎洛姆 (Franklin Zaromb)。博士后研究员有波亚·阿加瓦尔、杰森·芬利

（Jason Finley）、布利德基德·芬恩（Bridgid Finn）、丽莎·杰拉奇（Lisa Geraci）、基斯·莱尔（Keith Lyle）、戴维·麦凯布（David McCabe）、玛丽·皮克和雅娜·韦恩斯坦（Yana Weinstein）。参与这一项目的普通研究员有简·麦克康奈尔（Jane McConnell）、简·奥特曼－索托梅尔（Jean Ortmann-Sotomayor）、布里特妮·巴特勒（Brittany Butler）和朱莉·格雷（Julie Gray）。麦克丹尼尔要感谢参与了本书相关研究项目的学生：艾梅·凯林达（Aimee Calendar）、辛西娅·法德勒（Cynthia Fadler）、丹·霍华德（Dan Howard）、阮曲缘（Khuyen Nguyen）、马休·罗宾斯（Mathew Robbins）和凯西·怀尔德曼（Kathy Wildman），以及他的研究助手迈克尔·卡希尔（Michael Cahill）、玛丽·德比斯（Mary Derbish）、刘伊伊（Yiyi Liu）与阿曼达·梅耶（Amanda Meyer）。他手下参与相关项目的博士后研究员有杰里·利特尔（Jeri Little）、基斯·莱尔（Keith Lyle）、安娜雅·托马斯（Anaya Thomas）和鲁桑·托马斯（Ruthann Thomas）。

各行各业的人分享了他们有关学习和记忆的故事，帮助我们生动地诠释了书中的重要概念，我们对他们表示深深的感谢。我们要感谢捷飞络国际连锁的肯·巴伯（Ken Barber），还有邦妮·布洛杰特（Bonnie Blodgett）、米娅·布伦戴特（Mia Blundetto）、德尔文·布朗（Derwin Brown）、马特·布朗（Matt Brown），感谢帕特里克·卡斯蒂洛（Patrick Castillo）、文斯·杜里（Vince Dooley）、迈克·埃伯索尔

致 谢

德（Mike Ebersold）、纳撒尼尔·富勒（Nathaniel Fuller）、凯瑟琳·约翰逊（Catherine Johnson）、莎拉·弗拉纳根（Sarah Flanagan）、鲍勃·弗莱彻（Bob Fletcher）、亚历克斯·福特（Alex Ford）、史蒂夫·福特（Steve Ford）、戴维·加曼（David Garman）、简·杰曼（Jean Germain）、露西·杰洛尔德（Lucy Gerold）、布鲁斯·亨得利（Bruce Hendry）、迈克尔·霍夫曼（Michael Hoffman）、彼得·霍华德（Peter Howard）、凯莉·亨克勒（Kiley Hunkler）、希尔玛·亨特（Thelma Hunter）、埃里克·伊萨克曼（Erik Isaacman）、卡伦·金（Karen Kim）、金勇南（Young Nam Kim）、南希·拉格森（Nancy Lageson）、道格拉斯·拉尔森（Douglas Larsen）、斯蒂芬·马迪根（Stephen Madigan）、凯西·迈克斯纳（Kathy Maixner）、迈克尔·马修斯（Michael Matthews）、凯瑟琳·麦克德莫特，"安德森更新"的里克·韦温（Rick Wynveen）和迈克尔·麦克莫吉（Michael McMurchie），以及杰夫·莫斯利（Jeff Moseley），詹姆斯·帕特森（James Paterson）和他在贝勒比斯学院的学生斯蒂芬妮·王（Stephanie Ong）、维多利亚·热沃科娃（Victoria Gevorkova）和金成铉（Michela Seong-Hyun Kim），比尔·桑德斯（Bill Sands），安迪·索贝尔（Andy Sobel），农夫保险公司的安妮特·汤普森（Annette Thompson）与戴夫·奈斯特罗姆（Dave Nystrom），琼·韦伦伯格（Jon Wehrenberg），玛丽·帕·文德罗斯（Mary Pat Wenderoth）

与迈克尔·扬（Michael Young）。我们要感谢《培训》杂志的罗莉·弗雷菲尔德（Lorri Freifeld），感谢她为我们介绍了企业培训项目中的佼佼者。

热心提前阅读了本书草稿或若干章节的有艾伦·布朗（Ellen Brown）、凯瑟琳·麦克德莫特、亨利·莫耶斯（Henry Moyers）、托马斯·莫耶斯（Thomas Moyers）和史蒂夫·尼尔森（Steve Nelson），我们在此表示感谢。按照学术领域的习惯，本书的出版商从学术圈子里找来了我们的 5 名同事，对本书手稿发表匿名评价：其中的三人已经公布了自己的身份——鲍勃·比约克（Bob Bjork）、丹·沙克特（Dan Schacter）和丹·威灵厄姆（Dan Willingham）——还有两人没有透露，我们在此一并表示感谢。

最后，我们要感谢编辑伊丽莎白·诺尔（Elizabeth Knoll）以及哈佛大学出版社的职工，感谢他们的建议与指导，谢谢他们为本书付出的不懈努力。